VDE-Schriftenreihe **141**

Zu den Autoren

Dipl.-Ing. (FH) **Georg Luber** hat die Berufsausbildung zum Elektriker absolviert und anschließend Elektrotechnik studiert. Nach verschiedenen Stationen im Hause Siemens ist er heute zuständig für die Normung der Nieder- und Mittelspannungstechnik. Sein Schwerpunkt als Normenexperte ist die nationale und internationale Arbeit für die Normenreihe VDE 0100. Er ist Sprecher der deutschen Delegation für CENELEC TC 64 und arbeitet als Experte in vielen nationalen und internationalen Normengremien sowie in der Verbandsarbeit mit. Er ist stellvertretender Obmann des DKE/K 221 „Elektrische Anlagen und Schutz gegen elektrischen Schlag". Dieses Komitee ist für die Normenreihe VDE 0100 zuständig.

Dipl.-Ing. **Siegfried Rudnik** ist als Ingenieur der Elektrotechnik bei der Siemens AG verantwortlich für die nationale und internationale Normungsarbeit zum Thema „Elektrische Sicherheit". Als Delegierter des Verbands ZVEI wurde er in das internationale Normengremium IEC TC 64 einschließlich deren Arbeitsgruppen für bestimmte Normen als Experte delegiert.
National ist er Vorsitzender des Arbeitskreises für „Erdungsanlagen und Schutzleiter" (VDE 0100-540) und Vorsitzender des Gemeinschaftsarbeitskreises des K 221 und K 721 der DKE für die Normungsarbeit beim Thema „Koordinierung des Potentialausgleichs von Gebäuden" (VDE 0100-444).
Im Jahr 2011 verlieh die Internationale Elektrotechnische Kommission (IEC) Siegfried Rudnik den IEC-1906-Award. Mit dem „Award 1906" würdigt die IEC besonders aktive technische Experten in den IEC-Gremien.

VDE-Schriftenreihe Normen verständlich **141**

Badezimmer-Fibel
Elektrische Anlagen für Räume mit Badewanne oder Dusche

Kommentar der DIN VDE 0100-701:2008-10

Dipl.-Ing. (FH) Georg Luber
Dipl.-Ing. Siegfried Rudnik

VDE VERLAG GMBH • Berlin • Offenbach

Auszüge aus DIN-Normen mit VDE-Klassifikation sind für die angemeldete limitierte Auflage wiedergegeben mit Genehmigung 82.012 des DIN Deutsches Institut für Normung e. V. und des VDE Verband der Elektrotechnik Elektronik Informationstechnik e. V. Für weitere Wiedergaben oder Auflagen ist eine gesonderte Genehmigung erforderlich.
Die zusätzlichen Erläuterungen geben die Auffassung der Autoren wieder. Maßgebend für das Anwenden der Normen sind deren Fassungen mit dem neuesten Ausgabedatum, die bei der VDE VERLAG GMBH, Bismarckstr. 33, 10625 Berlin und der Beuth Verlag GmbH, Burggrafenstr. 6, 10787 Berlin erhältlich sind.

Bibliografische Information der Deutschen Nationalbibliothek
Die Deutsche Nationalbibliothek verzeichnet diese Publikation in der Deutschen Nationalbibliografie; detaillierte bibliografische Daten sind im Internet über http://dnb.d-nb.de abrufbar.

ISBN 978-3-8007-3435-1
ISSN 0506-6719

Druck: CPI – Ebner & Spiegel GmbH, 89075 Ulm
Printed in Germany

2012-05

Zur ersten Auflage von Band 141 der VDE-Schriftenreihe

Diese Fibel soll Planern und Elektroinstallateuren ermöglichen, schnell gesicherte Aussagen zur normengerechten Elektroinstallation in einem Badezimmer zu erhalten und auch die richtigen Entscheidungen, z. B. „vor Ort“, ohne Umwege treffen zu können.

Zum Thema „Badezimmer“ (korrekte Bezeichnung: „Räume mit Badewanne oder Dusche“), deren zusätzliche Anforderungen in der VDE 0100-701 festgelegt sind, kam von den Anwendern dieser Norm der Wunsch, eine kompakte Ausführung von Erläuterungen zu diesem Thema zur Verfügung zu haben, die es ermöglicht, direkt auf der Baustelle nachschlagen zu können, ob etwas richtig oder falsch ausgeführt ist oder wie es auszuführen ist.

Durch veränderte Ansprüche und auch der Wunsch nach modernen Medien in Badezimmern muss manchmal spontan auf der Baustelle entschieden werden, was möglich ist und was nicht zulässig ist.

Üblicherweise kann man in der Fachliteratur lesen, dass für die Installation von Badezimmern die VDE 0100-701

Errichten von Niederspannungsanlagen – Teil 7-701: Anforderungen für Betriebsstätten, Räume und Anlagen besonderer Art – Räume mit Badewanne oder Dusche

anzuwenden ist. Dort findet man jedoch unter dem Abschnitt 700.1 Einleitung folgenden Text:

Die Anforderungen dieses Teils von DIN VDE 0100 (VDE 0100) ergänzen, ändern oder ersetzen bestimmte allgemeine Anforderungen der anderen Teile von DIN VDE 0100 (VDE 0100).

Die Abschnittsnummerierung von Teil 7-701 erfolgt nach dem Muster und den entsprechenden Verweisungen von DIN VDE 0100 (VDE 0100). Die nach Teil 7-701 aufgeführten Nummern entsprechen denen in den Teilen, Kapiteln oder Abschnitten von DIN VDE 0100 (VDE 0100).

Fehlende Verweise auf Teile, Kapitel, Hauptabschnitte oder Abschnitte bedeuten, dass die entsprechenden allgemeinen Anforderungen anzuwenden sind.

Das heißt nichts anderes, als dass die Anforderungen aller Teile der Normenreihe VDE 0100 (soweit zutreffend) anzuwenden sind.

In den letzten Jahren ist das Badezimmer immer mehr zu einem Teil des Wohnbereichs geworden. Früher hatte es eine rein funktionale Ausrichtung. Heute wird das Badezimmer immer größer geplant. Von einer Nische mit Badewanne oder Dusche, Waschbecken und Toilette hin zu einem privaten Wellness- oder Spa-

Bereich. Damit einhergehend steigt die Zeit, die im Badezimmer verbracht wird. Mit wachsender Aufenthaltsdauer wächst der Wunsch nach Multimediakomponenten, z. T. hinter halb durchlässigen Spiegeln, die je nach Nutzung entsprechende Lichtszenarien erfordern.

Ein weiterer Trend ist die Integration von Badezimmerfunktionen, z. B. der Dusche, in den Ankleide- bzw. Schlafbereich. Heute ist dies bereits vielfach in Hotelzimmern derart umgesetzt, dass der Whirlpool oder die Duschkabine in das Zimmer integriert ist und nur noch die Toilette als eigener kleiner Raum ausgeführt wird.

Badewanne im Hotelzimmer

Man kann davon ausgehen, dass dieser Trend verstärkt in den Wohnungsbau einzieht, so wie die Integration der früheren Kochnische in den Ess- und Wohnbereich heute bereits vollzogen ist.

Bade-/Schlafzimmer auf der einen Seite, Küche/Ess- und Wohnzimmer auf der anderen Seite werden das zentrale Element eines Hauses. Wobei das Element Wasser im Bade-/Schlafzimmer die Möglichkeit der Entspannung und Erholung bietet und dies somit zum Rückzugs- und Regenerationsbereich wird. Die Elektroinstallation muss sich den geänderten und gewachsenen Ansprüchen anpassen und diesen Trends folgen.

Die Verfasser haben sich entschlossen, diese Fibel als Hilfe für den Elektriker herauszubringen, welche die gesetzlichen Grundlagen, die elektrische (Mindest-) Ausstattung und natürlich die sichere Installation nach Norm beschreibt. Nachdem dafür ein Verständnis der Schutzschaltgeräte sehr wichtig ist, werden diese ebenfalls erklärt. Außerdem wird auf neue Techniken, z. B. Integration der Gebäudesystemtechnik und Multimediafunktionen, eingegangen.

April 2012 Die Verfasser

Regeln der Normen und deren Kennzeichnung

Normen werden normalerweise zuerst auf der internationalen Ebene erarbeitet und veröffentlicht. Dabei wird unterschieden zwischen Normen für elektrotechnische Anforderungen und Normen für generelle bzw. mechanische Anforderungen.

IEC oder ISO

Organisatorisch werden Normen für elektrotechnische Anforderungen von der **IEC** (International Electrotechnical Commission) und Normen für generelle bzw. mechanische Anforderungen von der **ISO** (International Standardization Organization) herausgegeben.

Europäische Umsetzung

Internationale Normen, sowohl für elektrotechnische als auch für generelle bzw. mechanische Anforderungen, werden in Europa als EN umgesetzt. Diese europäischen Normen dienen dann als Grundlage für alle europäischen Staaten der EU und werden nicht veröffentlicht. Sie dienen den nationalen Komitees lediglich zur Übersetzung in ihre nationale Sprache und stehen ihnen in englischer, französischer und deutscher Sprache zur Verfügung.

Nationale Umsetzung

Die nationale Umsetzung in den europäischen Staaten der EU wird mit der nationalen Kennung des Normungsinstituts herausgegeben. In Deutschland wird die Norm als DIN EN *xxxxx* (**DIN** – Deutsches Institut für Normung) herausgegeben, also auch mit der Klassifikation EN. Wenn Normen elektrotechnische Sicherheitsaspekte enthalten, werden sie zusätzlich aus historischen Gründen auch mit VDE gekennzeichnet (klassifiziert), wobei sogar die erste 0 historisch als Vorsignal unverändert bleibt, siehe **Tabelle 0.1**.

Klassifikation	**Zuordnung**	**Anmerkung**
IEC 60204-1	international	
EN 60204-1	europäisch	wird nicht veröffentlicht
DIN EN 60204-1 (VDE 0113-1)	Deutschland	mit VDE-Klassifizierung

Tabelle 0.1 Beispiel einer Kennzeichnung einer elektrotechnischen Norm

Handelshemmnisse

Bei den Normen der Reihe VDE 0100 gelten besondere Bedingungen. Da diese Normenreihe schwerpunktmäßig für Elektroinstallationen von Gebäuden gilt, also für ortsfeste Anlagen, gelten die europäischen Anforderungen gegen Handelshemmnisse innerhalb der europäischen Staaten nicht, da ortsfeste Anlagen nicht exportiert werden können. Doch dieser Freiheitsgrad wird leider durch die europäischen Normungsinstitute manchmal handelshemmend ausgenutzt, obwohl einige Normen horizontalen Charakter haben und auch für Produkte/Anlagen gelten, die über die Grenzen der Länder der Europäischen Union gehandelt werden. Beispielhaft seien hier die VDE 0100-410 und die VDE 0100-540 genannt, die Anforderungen auch für exportierbare Handelswaren enthalten.

Die IEC-Fassung der Normenreihe IEC 60364 wird in Europa als HD (Harmonisierungsdokument) registriert und braucht dann nicht in den europäischen nationalen Staaten formgetreu sein und darf auch Anhänge mit nationalen Besonderheiten enthalten. Die Kennzeichnung der Normenreihe dieser Normen ist dann auch anders aufgebaut, siehe **Tabelle 0.2**.

Klassifizierung	Zuordnung	Anmerkung
Normenreihe IEC 60364	international	
Normenreihe HD 60364	europäisch	wird nicht veröffentlicht
Normenreihe DIN VDE 0100 (VDE 0100)	Deutschland	mit VDE-Klassifizierung

Tabelle 0.2 Besondere Kennzeichnung eines Harmonisierungsdokuments mit elektrotechnischen Sicherheitsaspekten

Nationale Abweichungen

Obwohl gerade Normen dazu dienen, dass in allen Staaten der Erde die gleichen Anforderungen gelten sollten, gibt es immer Gründe, dass Staaten von den internationalen Normen Abweichungen benötigen. Klassisches Beispiel ist das Stecker-/Steckdosen-Problem. Manchmal spielen bei nationalen Abweichungen auch nationale Gesetze eine Rolle. Es ist deshalb wichtig, dass bei allem Vertrauen auf eine internationale Norm die jeweiligen nationalen Abweichungen zu beachten sind. Ein Beispiel einer Norm mit vielen nationalen Abweichungen ist gerade die VDE 0100-701, die auf zehn Seiten normative Anforderungen enthält und zusätzlich auf acht Seiten besondere nationale Bedingungen festlegt.

Vollständige Kurzbezeichnung mit Ausgabedatum

Jede Norm wird am Ende der Kennung mit einem Doppelpunkt und das Ausgabejahr und Monat angehängt. Die vollständige Kennzeichnung der derzeit gültigen Norm für Räume mit Badewanne oder Dusche lautet deshalb: DIN VDE 0100-701 (VDE 0100-701):2008-10.

Unvollständige Kurzbezeichnung von Normen im Buch

Damit der Formalismus die Lesbarkeit dieses Buchs nicht beeinträchtigt, wird im Text nur die VDE-Klassifikation (der Klammerausdruck), z. B. VDE 0100-701, verwendet. Die korrekte und vollständige Bezeichnung wird am Ende des Buchs im Verzeichnis zitierter Normen angegeben.

Grau schattierter Text

Die in den Normen der Reihe VDE 0100 grau schattierten Texte sind nationale (deutsche) Zusätze gegenüber der HD-Fassung und enthalten keine zusätzlichen Anforderungen, sondern es handelt sich dabei um zusätzliche Textpassagen zur besseren Lesbarkeit, z. B. um zu erklären, was gemeint ist.

Seitlicher Strich am linken Textrand

Weichen Anforderungen in der HD-Fassung von der IEC-Fassung ab, so ist dies in der VDE-Ausgabe durch einen senkrechten Strich am linken Textrand gekennzeichnet.

Inhalt

1 Die Verantwortung von Architekten, Bauherren und Planern

Die Planung für die Elektroinstallation in einem Badezimmer kann heute kein zu vernachlässigender Unterpunkt im Rahmen der bisher üblichen Planung für die elektrische Versorgungstechnik in einem Gebäude sein.

Die Anforderungen an die Elektroinstallation im Badezimmer haben einen direkten Einfluss auf die Bauausführung. **Tabelle 1.1** vermittelt einen Überblick über solche Maßnahmen, die teilweise zu einem so frühen Zeitpunkt festgelegt werden müssen, dass sie schon in die Bauplanung und schließlich in die Leistungsverzeichnisse der ersten Baumaßnahmen einbezogen werden müssen.

Bauphasen	**Planungsarbeit, Auswahl (Beispiele)**
Planung	• Abmessungen des Badezimmers unter Berücksichtigung der Bereiche 0, 1 und 2, entsprechend VDE 0100-701 und den vorgesehenen elektrotechnischen Einrichtungen, • Wege und Abmessungen der Kabeltrasse vom Unterverteiler zum Badezimmer, • vorgesehene Elektroinstallationen in den Nachbarräumen in den Außenwänden des Badezimmers, Telefon, KNX, • Kabeltrasse für die Zuleitung von LAN- bzw. Kabelfernsehen
Rohbau	• Errichtung eines Fundamenterders mit Abnahme durch eine Elektrofachkraft
Ausbau	• Errichtung der elektrischen Anlage insgesamt im Gebäude, einschließlich Prüfung, • von einer Elektrofachkraft errichteter örtlicher Schutzpotentialausgleich unter Einbeziehung der Schutzpotentialausgleichs- und Schirmungsmaßnahmen für Multimediaeinrichtungen

Tabelle 1.1 Entscheidungspunkte in den Bauphasen

Entscheidungen über den Einsatz von den beabsichtigten Einrichtungen für das Badezimmer müssen bereits schon in der Planungsphase erfolgen, obwohl eigentlich so detaillierte Festlegungen zu diesem Zeitpunkt eher lästig sind, da auch der Bauherr zu Fragen des Wellnessbereichs in der Regel noch keine konkreten Vorstellungen hat und Informationen zu den neuesten Einrichtungen, gerade im Bereich von Multimedia, häufig zu dem Zeitpunkt noch nicht für jedermann zur Verfügung stehen.

Da jedoch die vorgesehenen Elektroinstallationen und der Einbau von Multimediasystemen einen Einfluss auf den Baukörper haben, müssen bereits in der Planungsphase detaillierte Fragen beantwortet werden. Gerade wegen der Installationseinschränkungen in den Bereichen 0, 1 und 2 eines Badezimmers werden aufgrund der beabsichtigten elektrotechnischen Einrichtungen die Abmessungen des Raums maßgeblich mitbestimmt.

Es wäre schade, wenn in der Endphase der Errichtung eines Gebäudes die elektrotechnische Fachkraft den Einbau einer bereits beschafften Multimediaeinrichtung im Badezimmer verweigern muss, weil sonst die entsprechenden Regeln der Technik nicht eingehalten werden können.

2 Gesetzliche Grundlagen

2.1 Anerkannte Regeln der Technik

Eine Regel gilt als anerkannt, wenn Fachleute, die diese Regel anwenden, davon überzeugt sind, dass diese Regel den sicherheitstechnischen Anforderungen entspricht. Die Regel muss in der Praxis erprobt sein. DIN-Normen und DIN-VDE-Normen werden diesen Anspruch gerecht.

Die „anerkannten Regeln der Technik“ stellen die unterste Stufe der technischen Erkenntnisse dar, siehe **Bild 2.1**. Die Anwendung von Normen ist freiwillig. Bei Abweichung von einer Norm muss jedoch der gleiche Sicherheitsgrad erreicht werden. Werden Normen in Verträgen genannt, so ist deren Anwendung vertraglich verpflichtend, und die Nichteinhaltung kann Nachforderungen des Auftraggebers nach sich ziehen.

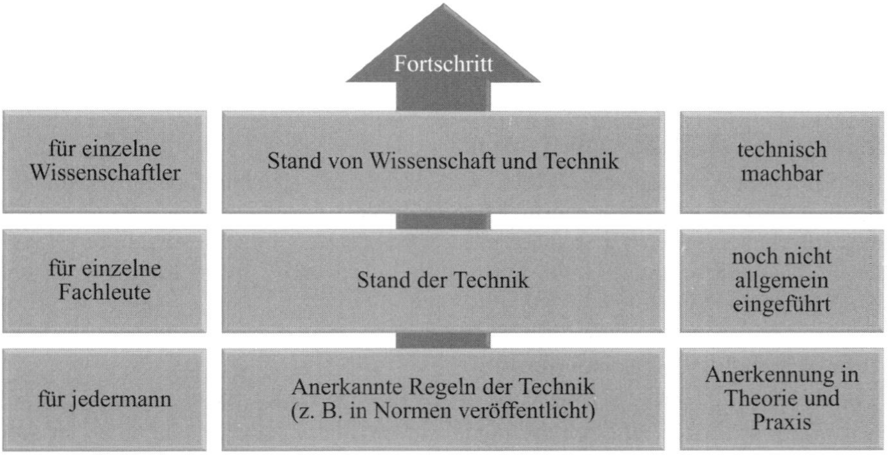

Bild 2.1 Einstufungen der „anerkannten Regeln der Technik“

Anerkannte Regel der Technik

DIN EN 45020

Technische Festlegung, die von einer Mehrheit repräsentativer Fachleute als Wiedergabe des Stands der Technik angesehen wird.

Anmerkung: Ein normatives Dokument zu einem technischen Gegenstand wird zum Zeitpunkt seiner Annahme als der Ausdruck einer anerkannten Regel der Technik anzusehen sein, wenn es in Zusammenarbeit der betroffenen Interessen durch Umfrage- und Konsensverfahren erzielt wurde.

Stand der Technik

DIN EN 45020

Entwickeltes Stadium der technischen Möglichkeiten zu einem bestimmten Zeitpunkt, soweit Produkte, Prozesse und Dienstleistungen betroffen sind, basierend auf entsprechenden gesicherten Erkenntnissen von Wissenschaft, Technik und Erfahrung.

Stand von Wissenschaft und Technik

Der Stand von Wissenschaft und Technik bezeichnet einen technischen Entwicklungsstand, der wissenschaftlich begründet ist und Pilotanwendungen sich als technisch durchführbar erwiesen haben. Die zusätzliche Berücksichtigung wird in der Regel nur dort gefordert, wo ein hohes Risiko für Leben und Umwelt besteht, z. B. bei Kernkraftwerken oder in der Medizintechnik.

Was ist normativ? Was ist informativ?

Jede Norm enthält sowohl „normative Elemente“ als auch „informative Elemente“. Normative Elemente sind verpflichtend, informative Elemente enthalten Zusatz- oder Hintergrundinformationen bzw. Erläuterungen, jedoch keine verpflichtenden Anweisungen. Sie können aber für die richtige Interpretation des normativen Texts hilfreich sein.

Übergangsfristen von Normen

In jeder VDE-Bestimmung sind Termine genannt, wie eine europäische Norm in der nationalen Norm behandelt werden muss. Die Normenreihe VDE 0100 ist eine Umsetzung der in Europa als HD (Harmonisierungsdokument) veröffentlichten Normen der Reihe HD 60364.

Im Vorwort einer jeden Norm der Reihe VDE 0100 stehen folgende wichtige Termine:

doa: (date of announcement) Datum der Ankündigung

Spätestes Datum, zu dem das HD auf nationaler Ebene angekündigt werden muss.

dop: (date of publication) Datum der Veröffentlichung

Spätestes Datum, zu dem das HD auf nationaler Ebene durch Veröffentlichung einer identischen nationalen Norm oder durch Anerkennung übernommen werden muss.

dow: (date of withdrawing) Datum der Zurückziehung

Spätestes Datum, zu dem nationale Normen, die dem HD entgegenstehen, zurückgezogen werden müssen.

2.2 Bestandsschutz

Schutz des Geldbeutels

Wenn über Bestandsschutz bei der Elektroinstallation gesprochen wird, meint man in der Regel den Schutz des Geldbeutels. Alle Interpretationen dieses Begriffs, der übrigens nicht genormt ist, sind meistens Aussagen zum Schutz vor unliebsamen Modernisierungskosten. Wenn auf neue Anforderungen in überarbeiteten Normen, z. B. beim Thema „Schutz gegen elektrischen Schlag", verzichtet wird, kann wohl nicht von einem Schutz gesprochen werden.

Natürlich müssen bestehende Anlagen bei der Neuveröffentlichung einer Norm nicht unverzüglich umgerüstet werden. Wird jedoch z. B. eine Wohnung modernisiert, sollte man von einer Elektrofachkraft einen „E-Check" durchführen lassen, und kostengünstig Nachrüstungen vornehmen lassen, z. B. die Stromversorgung des Badezimmers mit einer Fehlerstrom-Schutzeinrichtung (RCD) nachzurüsten.

Gewerbliche Gebäude

Für gewerblich genutzte Gebäude gelten für die Elektroinstallation gesetzliche Auflagen zum Thema Nachbesserungspflicht, die in diesem Buch nicht behandelt werden.

Zeitpunkt der Errichtung maßgebend

Elektroinstallationen, die zum Zeitpunkt der Errichtung den „allgemein anerkannten Regeln der Technik", z. B. den VDE-Normen, entsprachen, müssen bei Veröffentlichung von überarbeiteten Normen nicht automatisch den geänderten Anforderungen angepasst werden.

Grundgesetz, Artikel 14, Absatz 1

Das Eigentum und das Erbrecht werden gewährleistet. Inhalt und Schranken werden durch die Gesetze bestimmt.

Damit können Nachrüstungen an Elektroinstallationen in Wohngebäuden nur durch Gesetze vorgegeben werden. Eine elektrische Anlage braucht somit bei Erscheinen einer neuen bzw. überarbeiteten Norm weder angepasst noch umgerüstet werden.

Keine Nachbesserungspflicht (Bestandsschutz)

Folgende Maßnahmen sind keine wesentlichen Änderungen und brauchen bei ihrer Durchführung nicht an aktuelle Normen angepasst werden:

- Unterhaltsmaßnahmen,
- Instandsetzungsmaßnahmen,
- Modernisierungsmaßnahmen.

Modernisierungsmaßnahmen

Modernisierungsmaßnahmen sind ohne Anpassungen an neue gültige Normen zulässig, wenn [1, 2]:

- die ursprüngliche Elektroinstallation erhalten bleibt,
- die Art der Nutzung unverändert bleibt,
- keine Gefahr für die öffentliche Sicherheit und Ordnung besteht.

Wesentliche Änderungen

Der unbestimmte Begriff „wesentliche Änderungen“ wird im Gesetz erläutert. Eine Hilfe zur Auslegung des Begriffs ist die Interpretation des Bundesministeriums für Arbeit und Soziales (BMAS) und der Länder zum Produktsicherheitsgesetz [3]. Danach sind

- Leistungserhöhungen oder
- Funktionsänderungen oder
- Änderungen der Sicherheitstechnik

wesentliche Änderungen. In solchen Fällen müssen bei der Modernisierung die aktuell gültigen Normen berücksichtigt werden. Es ist zu empfehlen, dass vor einer Modernisierung eines Badezimmers eine Risikobeurteilung vorzunehmen ist, um zu ermitteln, ob die beabsichtigten Maßnahmen eine „wesentliche Änderung“ an der Elektroinstallation sind.

Um von der Geldschutzbehauptung wegzukommen, sollte zur Ermittlung der Notwendigkeit einer Nachrüstung eine Risikobeurteilung durchgeführt werden, ob eine Nachrüstung erforderlich ist. Dies ist der Fall, wenn „wesentliche Änderungen“ z. B. in einem Badezimmer durchgeführt werden. Wesentliche Änderungen sind beispielsweise

- Umwandlung von Wohnraum in eine ärztliche Praxis,
- Nutzungsänderung eines Wohnzimmers als Badezimmer,
- Erhöhung des Gleichzeitigkeitsfaktors z. B. durch Erhöhung der Anzahl von Steckdosen oder elektrischen Verbrauchern.

Wird in einem Badezimmer bei der Modernisierung ein Stromkreis erweitert oder ein zusätzlicher Stromkreis installiert, erlischt in jedem Fall der Bestandsschutz.

E-Check hilft

Vom deutschen Elektrohandwerk wird seit einigen Jahren ein E-Check angeboten, siehe Symbol **Bild 2.2**. Solche Überprüfungen können auch bei Modernisierungen/ Umbauten oder bei einem Mieterwechsel bei der Entscheidung helfen, ob eine Elektroinstallation nachgerüstet werden muss.

Bild 2.2 Prüfplakette für den E-Check des Elektrohandwerks

2.3 Zertifizierung und Prüfzeichen

> DIN EN 45020:
> *Verfahren, in dem ein unparteiischer Dritter schriftlich bestätigt, dass ein Erzeugnis, ein Verfahren oder eine Dienstleistung die vorgeschriebene Anforderungen erfüllt.*

Was ist eine Zertifizierung?

Für die Zertifizierung von Betriebsmitteln heißt das, dass ein Prüflabor oder Testhaus ein vorgestelltes Produkt entsprechend einer Testspezifikation, in der Regel eine Produktnorm, prüft und Übereinstimmung feststellt. Damit kann auch die Genehmigung zum Führen eines Prüfzeichens verbunden sein. Das Produkt kann dabei aus einer Stichprobe stammen, vom Hersteller bereitgestellt werden, oder auch vom Markt entnommen sein.

Außerdem wird z. B. bei der Vergabe des VDE-Zeichens auch noch eine sog. Fertigungsinspektion durchgeführt. Hier muss der Hersteller nachweisen, dass er durch gesteuerte und reproduzierbare Fertigung in der Lage ist, die vorgestellte Qualität des Produkts reproduzierbar herzustellen. Zusätzlich wird noch das Qualitätsmanagementsystem des Herstellers überprüft usw. Nach dieser sog. Erstinspektion wird diese dann in regelmäßigen Abständen wiederholt.

Sind alle Punkte erfolgreich bestanden, dann kann das entsprechende Zertifizierungs- bzw. Prüfzeichen vergeben werden. Kennzeichen guter Zeichen sind inhaltliche Kontinuität, Rechtssicherheit und Reputation, hoher Wiedererkennungswert und ganz wichtig: der Markenschutz. Das heißt, die Prüfstelle hat das Zeichen registriert, verfügt also über den Markenschutz und verteidigt es gegen Missbrauch. Verstöße müssen geahndet werden und sollten, was noch besser ist, veröffentlicht werden. Das VDE Prüf- und Zertifizierungsinstitut hat dazu eine eigene Webseite eingerichtet, auf der die schwarzen Schafe veröffentlicht werden: www.vde.com/de/Institut/Missbrauch

Ein Besuch dieser Seite ist recht interessant und empfehlenswert – auch woher die Verstöße kommen.

Je nach Land legt der Kunde oder Anwender mehr oder weniger Wert auf das entsprechende Prüfzeichen. Dies ist nicht nur länder-, sondern auch produktabhängig. Auf Schutzschaltgeräten für die Elektroinstallation findet man meist sehr viele Prüfzeichen der verschiedenen Länder. Auf Industrieschaltgeräten jedoch meist nur die gesetzlich vorgeschriebenen Prüfzeichen. Ein Beispiel ist das CCC-Zeichen, das für Chinese Compulsory Certificate steht. Will ein Hersteller ein Produkt auf den chinesischen Markt bringen, dann muss er es entsprechend der geltenden chinesischen Norm zertifizieren lassen und das CCC-Zeichen anbringen, ansonsten darf er das Produkt in China nicht auf den Markt bringen.

Ein typisch deutsches Zeichen ist übrigens das GS-Zeichen. Es wird im Rahmen eines „*nationalen Zertifizierungsverfahrens für Deutschland*" vergeben. Durch das GS-Zeichen wird angezeigt, dass bei der bestimmungsgemäßen oder vorhersehbaren Verwendung des so gekennzeichneten Produkts, die Sicherheit und Gesundheit des Verwenders nicht gefährdet sind. Das GS-Zeichen ist wie das VDE-Zeichen ein freiwilliges Zeichen, d. h. der Hersteller oder auch der Importeur entscheidet, ob ein Antrag auf Zuerkennung des GS-Zeichens gestellt wird. Diese Zertifizierung ist nur für bestimmte Gerätetypen, z. B. Telekommunikationseinrichtungen, verfügbar. Es sind mehrere Prüfstellen in Deutschland dafür akkreditiert. Erkennbar ist die Prüfstelle an der Erweiterung, z. B. TÜV-GS.

Neben den nationalen gibt es natürlich auch europäische Zertifizierungsverfahren. Beispiele sind das ENEC-Zeichen für Beleuchtung und Beleuchtungskomponenten oder das HAR-Zeichen für Kabel und Leitungen, das für die Übereinstimmung mit harmonisierten Normen steht.

Eine Kennzeichnung darf nicht vergessen werden: die CE-Kennzeichnung. Es handelt sich dabei um kein Zertifizierungszeichen. Adressat sind nicht die Kunden oder Verbraucher, sondern die Behörden. Mit Anbringung der CE-Kennzeichnung bestätigt der Hersteller die Übereinstimmung mit den Anforderungen der für das Produkt geltenden EU-Richtlinien. Es steht praktisch als Bestätigung des Herstellers, dass er alle rechtlichen Verpflichtungen in Bezug auf sein Produkt erfüllt hat. Dabei kann ein externes Prüflabor zur Absicherung der Testergebnisse eingeschaltet worden sein, muss aber nicht. Je nach Hersteller ist die Qualität des Produkts durchaus unterschiedlich – das Zeichen sagt nur aus, dass alle rechtlichen Verpflichtungen eingehalten sind, d. h., dass die gesetzlichen (Mindest-)Anforderungen für die Vermarktung des Produkts laut Hersteller gegeben sind.

3 Wichtige Normen

3.1 Normen der Reihe VDE 0100

Die grundsätzlichen Anforderungen an eine Elektroinstallation enthalten die Normen der Gruppen 100 bis 600, siehe **Tabelle 3.1**.

Gruppe	Anforderungen
100	Allgemeine Anforderungen
200	Begriffe
400	Schutzmaßnahmen
500	Auswahl und Errichtung elektrischer Betriebsmittel
600	Erstprüfung

Tabelle 3.1 Übersicht der grundsätzlichen Gruppen der VDE 0100

Die Normen in diesen Gruppen kann man als grundsätzliche Normen der VDE 0100 bezeichnen, da sie grundsätzlich berücksichtigt werden müssen.

Bei der Planung und Errichtung der Elektroinstallation eines Badezimmers müssen neben dem Teil 701 der Gruppe 700 auch die Normen aller Gruppen der VDE 0100 (soweit zutreffend) berücksichtigt werden. Auch andere 700er-Teile können für Badezimmer wichtige Anforderungen enthalten, z. B. der Teil 715, der Anforderungen für Kleinspannungsbeleuchtungsanlagen, oder der Teil 753, der Anforderungen für Fußboden- oder Decken-Flächenheizungen enthält.

Die Gruppen 100 bis 600 der VDE 0100 enthalten folgende grundsätzliche Normen, siehe **Tabelle 3.2**:

Gruppe	Teil	Titel	Inhalte
100		Allgemeine Grundsätze, Bestimmungen allgemeiner Merkmale, Begriffe	Festlegungen der Merkmale der Stromversorgung; Anordnung Strom führender Leiter in Abhängigkeit der Art des Stroms; Systeme nach Art ihrer Erdverbindung
200		Begriffe	Auszug aus dem IEV der IEC 60050 des Teils 826: Benennung und Begriffserklärung für elektrische Anlagen

Tabelle 3.2 Übersicht der grundsätzlichen Normen der VDE 0100

Gruppe	Teil	Titel	Inhalte
400	410	Schutz gegen elektrischen Schlag	Anforderungen für den Schutz gegen elektrischen Schlag, einschließlich Basisschutz und Fehlerschutz von Personen und Nutztieren, und die Koordinierung dieser Anforderungen in Beziehung zu äußeren Einflüssen
	420	Schutz gegen thermische Einflüsse	Maßnahmen zum Schutz von Personen, Nutztieren und Sachen gegen thermische Einflüsse benachbarter elektrischer Betriebsmittel
	430	Schutz von Kabeln und Leitungen bei Überstrom	Anforderungen zum Schutz von aktiven Leitern bezüglich der Auswirkungen bei Überströmen
	442	Schutz von Niederspannungs-anlagen bei Erdschlüssen	Anforderungen für die Sicherheit der Nieder-spannungsanlage im Fall eines Fehlers zwischen dem Hochspannungssystem und Erde in der Transformatorstation, die die Niederspannungsanlage versorgt; einer Unterbrechung des Neutralleiters in der Niederspannungsanlage; eines Kurzschlusses zwischen einem Außenleiter und dem Neutralleiter; einer versehentlichen Erdung eines aktiven Leiters im IT-System einer Niederspannungsanlage
	443	Schutz bei Überspannung infolge atmosphärischer Einflüsse oder von Schaltvorgängen	Schutz von elektrischen Anlagen bei Überspannungen infolge atmosphärischer Einflüsse, die über das Stromversorgungsnetz übertragen werden, und infolge von Schaltvorgängen
	444	Schutz gegen elektromagnetische Störungen in Anlagen von Gebäuden	Anforderungen und Empfehlungen für elektrische Anlagen, um den Einfluss von elektromagnetischen Störungen zu vermeiden oder zu vermindern
			Die Anwendung der von dieser Norm be-schriebenen EMV-Maßnahmen kann als ein Teil der anerkannten Regeln der Technik gesehen werden, um elektromagnetische Verträglichkeit der ortsfesten Anlagen zu erreichen, wie durch die EMV-Richtlinie 2004/108/EG gefordert
	450	Schutz gegen Unterspannung	Schutzmaßnahmen gegen Unterspannung beim Errichten von Anlagen
	460	Trennen und Schalten	Nicht-automatische örtliche und dezentrale Trenn- und Schaltmaßnahmen, um Gefahren in Zusammenhang mit elektrischen Anlagen und elektrisch versorgten Betriebsmitteln und Maschinen zu verhindern oder zu beseitigen

Tabelle 3.2 (Fortsetzung) Übersicht der grundsätzlichen Normen der VDE 0100

Gruppe	Teil	Titel	Inhalte
	482	Brandschutz bei besonderen Risiken und Gefahren	Auswahl und Errichtung von elektrischen Anlagen in feuergefährdeten Betriebsstätten
500	510	Auswahl und Errichtung elektrischer Betriebsmittel	Auswahl der Betriebsmittel und deren Errichtung, Anforderungen für den zufriedenstellenden Betrieb einer Anlage und Anforderungen bezüglich der jeweiligen äußeren Einflüsse
	520	Kabel und Leitungsanlagen	Anforderungen für das Errichten von Kabel- und Leitungsanlagen, für Kabel, Leitungen und Leiter, ihre Anschlüsse und/oder Verbindungen und die zugehörigen Befestigungs- oder Abhängemittel und ihre Umhüllungen oder Maßnahmen zum Schutz gegen Umgebungseinflüsse
	520 Bbl 1	Kabel und Leitungsanlagen Begrenzung des Temperaturanstiegs bei Schnittstellen-anschlüssen	Leitfaden für Vorkehrungen, damit die Temperaturen, die die Anschlussklemmen im Normalbetrieb erreichen, sich nicht nachteilig auf die Isolierung der an sie angeschlossenen oder sie tragenden Leiter auswirkt
	520 Bbl 2	Kabel und Leitungsanlagen Auswahl von Überstromschutz-einrichtungen	Informationen zum Schutz bei Überlast, zur Auswahl von Überstromschutzeinrichtungen und zu max. zulässigen Kabel- und Leitungslängen, die sich aus der Einhaltung des zulässigen Spannungsfalls sowie von Abschaltzeiten zum Schutz gegen elektrischen Schlag ergeben
	530	Schalt- und Steuergeräte	Anforderungen für die Auswahl von Betriebsmitteln zum Trennen, Schalten, Steuern und Überwachen und zur Sicherstellung der Schutzmaßnahmen und der Funktion der elektrischen Anlage
	540	Erdungsanlagen und Schutzleiter	Anforderungen an Erdungsanlagen und Schutzleiter, einschließlich Schutzpotentialausgleichsleiter, mit dem Ziel, die Sicherheit elektrischer Anlagen zu erfüllen
	550	Steckvorrichtungen, Schalter und Installationsgeräte	Anforderungen an die Auswahl und Errichtung elektrischer Betriebsmittel, damit von elektrischen Anlagen ausgehende Gefahren weitgehend vermieden werden
	551	Niederspannungs-Stromversorgungsan-lagen	Anforderungen für die Auswahl und Errichtung von Niederspannungs- und Kleinspannungsstrom-erzeugungseinrichtungen, die dafür vorgesehen sind, eine Gesamtanlage oder einen Teil davon entweder dauerhaft oder zeitweilig zu versorgen

Tabelle 3.2 (Fortsetzung) Übersicht der grundsätzlichen Normen der VDE 0100

Gruppe	Teil	Titel	Inhalte
	557	Hilfsstromkreise	Anforderungen an Hilfsstromkreise (ausgenommen die innere Verdrahtung von Geräten), zum Übertragen von Befehlen, Erfassen oder Überwachen von Zuständen zur Beeinflussung von Hauptstromkreisen, z. B. Steuerung (Befehlsgabe, Verriegelung), Regelung, Meldung und Messung
	559	Leuchten und Beleuchtungsanlagen	Anforderungen für die Auswahl und Errichtung von Leuchten und Beleuchtungsanlagen, die Teil einer ortsfesten elektrischen Anlage sind
	560	Elektrische Anlagen für Sicherheitszwecke	Anforderungen für die Auswahl und Errichtung elektrischer Anlagen von Einrichtungen für Sicherheitszwecke und von Stromquellen für Sicherheitszwecke
600		Prüfungen	Anforderungen an die Erstprüfung und die wiederkehrende Prüfung von elektrischen Anlagen

Tabelle 3.2 (Fortsetzung) Übersicht der grundsätzlichen Normen der VDE 0100

3.2 DIN 18015 Elektrische Anlagen in Wohngebäuden

DIN 18015 enthält Anforderungen für die Planung von elektrischen Anlagen in Wohngebäuden (z. B. Mehrfamilienhäuser, Reihenhäuser, Einfamilienhäuser) sowie für elektrische Anlagen, die im Zusammenhang mit solchen Gebäuden stehen. Die Norm gilt auch für Anlagen, die mit Gebäudesystemtechnik ausgerüstet sind.

Die Norm DIN 18015 besteht aus vier Teilen:

DIN 18015-1	Teil 1: Planungsgrundlagen,
DIN 18015-2	Teil 2: Art und Umfang der Mindestausstattung,
DIN 18015-3	Teil 3: Leitungsführung und Anordnung der Betriebsmittel,
DIN 18015-4	Teil 4: Gebäudesystemtechnik.

Im Teil 1 dieser Norm finden wir die Anforderung, dass bei Warmwasserbereitung mit Durchlauferhitzer eine Drehstromleitung mit einer zulässigen Strombelastbarkeit von mind. 35 A vorzusehen ist. Ansonsten wird bezüglich der Abgrenzung von Schutzbereichen, der Einschränkung bzw. das Verbot von Leitungsführungen, der Einschränkung bzw. das Verbot zur Anbringung von Steckdosen, Schaltern, Leuchten und anderen Betriebsmitteln, die erforderliche Überdeckung der in der Wand installierten Leitungen sowie den zusätzlichen Schutz gegen elektrischen Schlag durch Fehlerstrom-Schutzeinrichtungen auf VDE 0100-701 verwiesen, die in diesem Buch an anderer Stelle genauer beleuchtet wird.

DIN 18015-1 enthält keine besonderen Anforderungen für die Telekommunikations- bzw. Multimediainstallationen für Badezimmer. Bei einer konservativen Nutzung (Standard-Badezimmer) ist dies auch ausreichend. Wird das Bad jedoch zum Wellnessbereich, dann sollte man zusätzlich eine entsprechende Installation oder das Vorsehen von Leerrohren dafür nicht vergessen.

Anzahl der Stromkreise, Steckdosen und Anschlüsse

DIN 18015-2 enthält auch Anforderungen für Bäder – unabhängig ob mit Badewanne oder Dusche. In Tabelle 2 dieser Norm findet man dazu folgende Daten, siehe **Tabelle 3.3**:

Anzahl	Art	Hinweise
2	Steckdosen	wobei eine in der Waschtischleuchte oder im Spiegelschrank sein darf
2	Beleuchtungsanschlüsse	z. B. Decke und Spiegel
1	Anschluss für den Lüfter für Einzellüftung	bei fensterlosen Bädern ist die Schaltung über die Allgemeinbeleuchtung mit Nachlauf vorzusehen
1	Anschluss für eine Waschmaschine	einmal pro Wohnung
1	Anschluss für einen Trockner	einmal pro Wohnung
1	Anschluss für ein Warmwassergerät	falls die Warmwasserversorgung nicht auf andere Art erfolgt
1	Anschluss für ein Heizgerät	falls die Heizung nicht auf andere Art erfolgt

Tabelle 3.3 Mindestausstattung im Badezimmer

Es handelt sich hierbei um die Mindestausstattung nach Norm. Je nach Projekt und Kunde sind natürlich weitere Zusatzausstattungen möglich oder sogar erforderlich, z. B. Multimediatechnik, Displays der Gebäudesystemtechnik, (Funk-)Wetterstationen usw.

Zum Schutz gegen den elektrischen Schlag sollten die Licht- und Steckdosenstromkreise für das Badezimmer mittels zwei FI/LS B16/30 mA getrennt versorgt werden. Damit wird dann auch die Anmerkung in Abschnitt 411.3.3 der VDE 0100-410 erfüllt:

Anmerkung: Zur Erfüllung dieser Anforderungen empfiehlt sich der Einsatz einer netzspannungsunabhängigen Fehlerstrom-Schutzeinrichtung (RCD) mit eingebautem Überstromschutz (FI/LS-Schalter) nach DIN EN 61009-2-1 (VDE 0664-21) in jedem Endstromkreis. Diese Schutzeinrichtungen ermöglichen Personen-, Brand- und Leitungsschutz in einem Gerät.

Durch die Zuordnung zu jedem einzelnen Endstromkreis werden unerwünschte Abschaltungen fehlerfreier Stromkreise, hervorgerufen durch Aufsummierung betriebsbedingter Ableitströme oder durch transiente Stromimpulse bei Schalthandlungen, vermieden.

Will man nicht zwei weitere FI/LS für die Waschmaschine und den Trockner einsetzen, dann sind eine 30-mA-Fehlerstrom-Schutzeinrichtung (RCD) und zwei separate Leitungsschutzschalter (LS) vom Typ B16 sinnvoll – einer für die Waschmaschine und einer für den Trockner. Je nach Stromaufnahme des Warmwassergeräts kann dieser Stromkreis auch noch auf diese Fehlerstrom-Schutzeinrichtung (RCD) geschaltet werden. Entsprechend dem Leitungsquerschnitt ist dann auch hierfür ein eigener Leitungsschutzschalter (LS) auszuwählen. Zur Auswahl des LS siehe VDE 0100-520 Beiblatt 2, Tabelle 1 und folgende.

Durchlauferhitzer ohne Fehlerstrom-Schutzeinrichtung (RCD)?

Die früher geübte Praxis, vor einem Durchlauferhitzer keine Fehlerstrom-Schutzeinrichtung (RCD) zu setzen – wegen der Möglichkeit der Fehlauslösung – sollte heute aus Sicherheitsgründen nicht mehr praktiziert werden. Das heißt, man kann bei der heutigen Technik der Fehlerstrom-Schutzeinrichtungen und auch der heute erhältlichen Wassererwärmer mit geringeren Ableitströmen auch hier eine Fehlerstrom-Schutzeinrichtung (RCD) mit einem Bemessungsdifferenzstrom, der 30 mA nicht überschreitet, einsetzen. Die Ausnahme in VDE 0100-701, Abschnitt 415.1, in dem der zusätzliche Schutz mit einer Fehlerstrom-Schutzeinrichtung (RCD) für fest angeschlossene Wassererwärmer nicht gefordert wird, sollte nicht mehr in Anspruch genommen werden.

Typen von Fehlerstrom-Schutzeinrichtungen (RCD)

Noch ein Hinweis: Fehlerstrom-Schutzeinrichtungen des Typs AC sind in Deutschland nach DIN VDE 0100-530 nicht zugelassen! Ansonsten ist der Typ A, B oder B+, je nach zu erwartenden Fehlerströmen, zu wählen. Üblicherweise ist jedoch ein Typ A ausreichend, es sei denn, man kann davon ausgehen, dass Verbraucher angeschlossen werden, die Gleichfehlerströme erzeugen können, dann kommt man um den Typ B oder B+ nicht herum.

Leitungsführung

Die Leitungsführung und Anordnung der Betriebsmittel ist in DIN 18015-3 geregelt. Es finden sich dort die generellen Anforderungen dazu. Es gibt in diesem Teil keine speziellen Festlegungen für Räume mit Badewanne oder Dusche. Die in DIN 18015-3 erlaubten Installationszonen im Gebäude werden durch die Bereiche 0, 1 und 2 im Badezimmer entsprechend VDE 0100-701 eingegrenzt, siehe Kapitel 4.2.

Gebäudesystemtechnik

DIN 18015-4 beschreibt die Installation mit Gebäudesystemtechnik. Hier findet man wieder spezielle Aussagen bezüglich Badezimmern, wobei die Norm eher Anforderungen für ein konservativ ausgestattetes Badezimmer festlegt. Wird das Bad eher als Wohnraum und „Wellnesstempel“ gesehen, dann muss man es sicher anders ausstatten als in der DIN 18015-4 gefordert.

Schutzmaßnahmen bei KNX

Besonders der EIB/KNX-Bus kann hier seine elektrischen Vorteile ausspielen. Dieses Bussystem verwendet nämlich eine Schutzkleinspannung (SELV), und die Schutzart IPXXB bzw. IP2X wird von den Herstellern ebenfalls fast immer eingehalten. Die Produktdokumentation sollte hier schnell für Klarheit sorgen.

Damit können die rein vom Bus versorgten Installationsgeräte auch im Bereich 1 eingebaut werden. Somit ist eine deutlich verbesserte elektrische Ausstattung und Bedienung möglich. Das heißt, dass im Bereich 1 durch den Bus versorgte Komponenten, wie Displays und Schalter, möglich sind. Man kann somit viel besser auf Kundenwünsche eingehen. Es können von der Badewanne aus Lichtszenarien geschaltet, die Jalousien betätigt, Verbraucher geschaltet, Licht gedimmt werden usw. Hier ist deutlich mehr möglich, als in der DIN 18015-4 beschrieben ist.

Bewegungsmelder

Laut dieser Norm wird vom Einsatz eines Bewegungsmelders in Badezimmern abgeraten, was sehr vernünftig ist, da diese auf Wärme reagieren und eine relativ grobe Auflösung haben. Das heißt, der Näherungsschalter kann den Menschen im Bad nicht mehr erkennen, und somit funktioniert die Schaltung nicht mehr. Präsenzmelder haben eine sehr feine Auflösung, die es ermöglicht selbst in der Badewanne Menschen zu erkennen. Will man ganz sicher gehen, dann können Präsenzmelder mit Radarsensorik verwendet werden. Bisherige Erfahrungen haben aber gezeigt, dass übliche IR-Präsenzmelder im Badezimmer gut funktionieren. Bei der Gebäudesystemtechnik kann dann die Meldung „Anwesenheit“ dazu genutzt werden, um z. B. das Licht zu schalten, aber auch die Heizung/Lüftung zu steuern.

Gute Beratung durch den Elektroinstallateur

Speziell bei einem Badezimmer mit Wellnessbereich sollte man über die Möglichkeiten, welche die Gebäudesystemtechnik bietet, nachdenken und den Kunden entsprechend beraten. Das Elektrohandwerk hat hier eine gute Chance, die genutzt werden kann. Gute Beratung erkennt man daran, dass neben einem Wasserhahn für

500 € kein Schalter für 5 € sitzt! Wie das Sanitärhandwerk beweist, zahlt sich gute Beratung aus. Wenn sie auch manchmal schwierig und zeitaufwendig ist. Man kann sich aber argumentativ von den Normen helfen lassen: z. B. durch die Normen der Reihe DIN 18015.

4 Planung und Ausführung einer Elektroinstallation

4.1 Schutzeinrichtungen

Um die Schutzmechanismen besser zu verstehen, ist die Kenntnis der Funktion der Schutzschaltgeräte von großer Wichtigkeit. Deshalb werden die zwei wichtigsten, der Fehlerstrom- und der Leitungsschutzschalter, in diesem Abschnitt vorgestellt.

Fehlerstrom-Schutzeinrichtung (RCD) Typ A 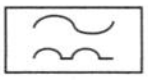

Eine Fehlerstrom-Schutzeinrichtung (RCD) Typ A ist der Standardtyp in Deutschland (**Bild 4.1**) und besteht in der Hauptsache aus

- Schaltschloss mit den Kontakten, also der Mechanik,
- Auslösekreis,
- Prüftaste mit dem Prüfwiderstand,
- Summenstromwandler.

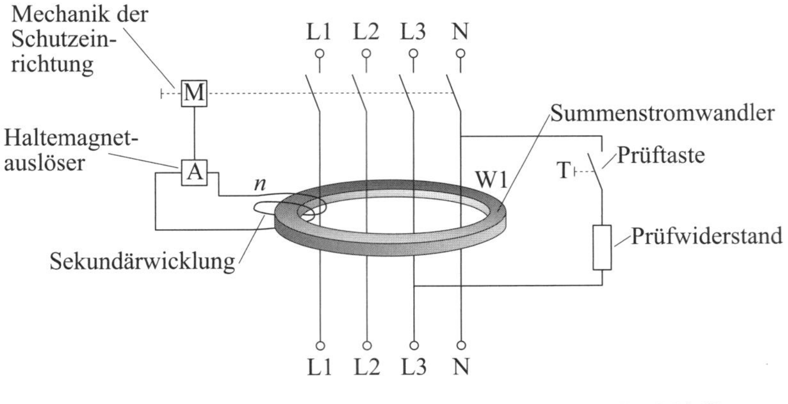

Bild 4.1 Prinzipieller Aufbau einer Fehlerstrom-Schutzeinrichtung (RCD) Typ A [4, 5]

Der Summenstromwandler ist in der Regel ein Ringkerntransformator, über den die oder der Außenleiter und der Neutralleiter geführt werden. Ist die Summe der Ströme gleich null, wird kein Magnetfeld im Ringkern aufgebaut, womit keine Spannung in der Sekundärwicklung induziert wird.

Tritt nun ein Fehlerstrom auf, d. h. ein Strom fließt an der Fehlerstrom-Schutzeinrichtung (RCD) vorbei zurück zur Einspeisung, dann ist die Summe der Ströme im Summenstromwandler ungleich null. Somit wird entsprechend der Größe des Fehlerstroms, abhängig vom Körperwiderstand und vom Erdungswiderstand, ein Magnetfeld im Ringkern aufgebaut, siehe **Bild 4.2**.

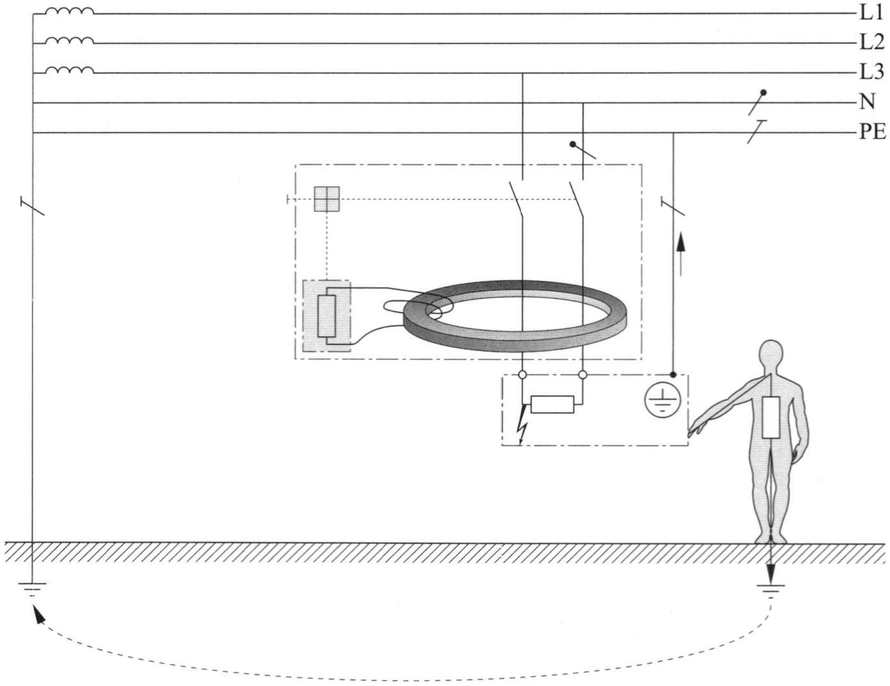

Bild 4.2 Fehlerstrom, der an der Fehlerstrom-Schutzeinrichtung (RCD) vorbei fließt [4, 5]

Damit wird in der Sekundärwicklung eine Spannung induziert. Diese lässt über den Auslösekreis das Schaltschloss auslösen, und die Kontakte öffnen sich.

Spannungsunabhängige Fehlerstrom-Schutzeinrichtung

Diese Konstruktion bezeichnet man als „spannungsunabhängige Fehlerstrom-Schutzeinrichtung" und ist in Deutschland vorgeschrieben, mit der Ausnahme von ortsfesten Fehlerstrom-Schutzeinrichtungen (RCD) in Steckdosenausführung zur

Schutzpegelerhöhung (SRCD, siehe VDE 0100-530). Für die Realisierung einer Schutzmaßnahme mit Abschaltung sind sie jedoch nicht zugelassen.

Spannungsabhängige Fehlerstrom-Schutzeinrichtungen

Es gibt im Ausland auch sog. „spannungsabhängige Fehlerstrom-Schutzeinrichtungen“, bei denen die Fehlererfassung zwar auch über einen Summenstromwandler erfolgt, aber der Auslösekreis und die Auslösung elektronisch arbeiten. Dazu ist zusätzlich eine Hilfsspannung zur Stromversorgung der eingebauten Elektronik erforderlich. Fällt diese aus, funktioniert der Schalter nicht mehr, während eine spannungsunabhängige Fehlerstrom-Schutzeinrichtung auch dann noch funktioniert, wenn nur ein Außenleiter Spannung führt. Aber gerade dieser Fehler kann auch zu sehr gefährlichen Situationen führen.

Prüftaste

Zur Funktionsprüfung der Fehlerstrom-Schutzeinrichtung wird über die Prüftaste über einen Widerstand der Teststrom am Wandler vorbei geführt und somit für die Fehlerstrom-Schutzeinrichtung ein Fehlerstrom vorgetäuscht, was zur Auslösung führen muss. Dabei ist zu bedenken, dass je nach Hersteller die Taste an unterschiedlichen Außenleitern angeschlossen sein kann. Dies ist wichtig, falls man eine mehrpolige Fehlerstrom-Schutzeinrichtung mit nur einem Außenleiter betreiben will. In solchem Fall muss entsprechend den Angaben des Herstellers der Außenleiter an die richtige Klemme angeschlossen werden, sonst funktioniert die Prüftaste nicht!

Fehlerstrom-Schutzeinrichtung (RCD) Typ B (allstromsensitiv)

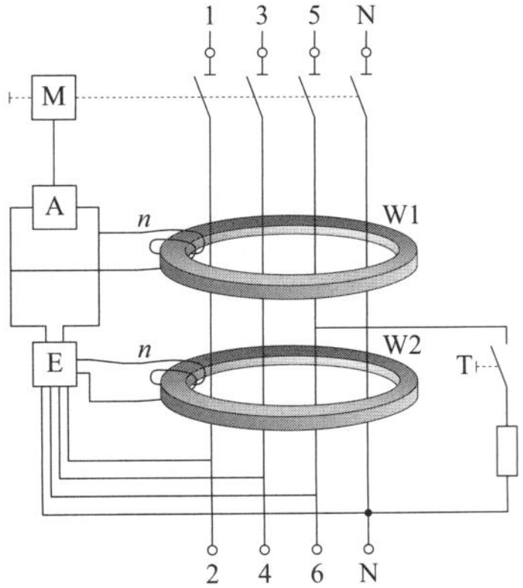

A Auslösekreis
M Mechanik (Schaltschloss)
E Elektronik für die Auslösung bei Gleichfehlerströmen
W1 Summenstromwandler für
W2 Summenstromwandler für
n jeweilige Sekundärwicklung
T Prüftaste mit Prüfwiderstand

Bild 4.3 Prinzipieller Aufbau einer Fehlerstrom-Schutzeinrichtung (RCD) Typ B [4, 5]

Typ B besteht eigentlich aus zwei Fehlerstrom-Schutzeinrichtungen in einem Gehäuse, siehe **Bild 4.3**. Die erste Fehlerstrom-Schutzeinrichtung (W1) ist ein spannungsunabhängiger Typ A wie oben beschrieben. Die zweite Fehlerstrom-Schutzeinrichtung (W2) ist eine elektronisch arbeitende, die in der Lage ist, Gleichfehlerströme zu detektieren. Um trotzdem auch hier eine größtmögliche Sicherheit zu haben, wird die Elektronik von allen Außenleitern versorgt. Die beiden Ringkerntransformatoren unterscheiden sich im verwendeten Kernmaterial, wobei der zweite gleichstromverträglich ist. Der Auslösebereich des Typs B ist bis 1 kHz definiert, wobei der Auslösestrom bei 1 kHz kleiner $14 \cdot I_{Dn}$ sein muss.

Fehlerstrom-Schutzeinrichtung (RCD) Typ B+ (allstromsensitiv) ≂ ⎓ kHz

Der prinzipielle Aufbau ist derselbe wie beim Typ B. Wie das Zeichen kHz jedoch schon verrät, sind für den Typ B+ die Auslösebedingungen für höhere Frequenzen bis 20 kHz definiert und liegen bis dahin unterhalb eines Auslösewerts von $14 \cdot I_{Dn}$.

Fehlerstrom-Schutzeinrichtung (RCD) Typ F

Diese Fehlerstrom-Schutzeinrichtung eignet sich für den Einsatz bei Verbrauchern, die Fehlerströme im höheren Frequenzbereich erzeugen können. Dies können beispielsweise Frequenzumrichter sein, die z. B. für den Antrieb des Motors einer Waschmaschine verwendet werden. Eine Forderung zum Einsatz des Typs F finden wir heute noch nicht in den Installationsregeln. Die Autoren können sich jedoch vorstellen, dass der Typ F in absehbarer Zeit in die Normen der Reihe VDE 0100 aufgenommen wird.

Der prinzipielle Aufbau entspricht dem eines Typ A, jedoch mit einem geänderten Auslösekreis und einem, entsprechend an den zusätzlichen Anforderungen angepassten, Summenstromwandler. Die Produktnorm für den Typ-F-Fehlerstrom-Schutzschalter ist die VDE 0664-40.

Die Anforderungen an den Typ F entsprechen den Eigenschaften des Typs A, ergänzt um folgende Punkte:

- AC-Auslösebedingungen für Frequenzgemische aus Anteilen von 10 Hz/50 Hz/1000 Hz,
- Kurzzeitverzögerung (10 ms, $10 \cdot I_{Dn}$),
- Stoßstromfestigkeit mind. 3 kA,
- Überlagerung mit DC 10 mA.

Bild 4.4 zeigt die Verbraucherschaltung mit dem Laststrom sowie den möglichen Fehlerströmen im Fehlerfall.

Schaltung der Spannungsversorgung des Verbrauchers	**Laststrom i_L**	**Fehlerstrom i_{F1} im Fehlerfall**	**Fehlerstrom i_{F2} im Fehlerfall**
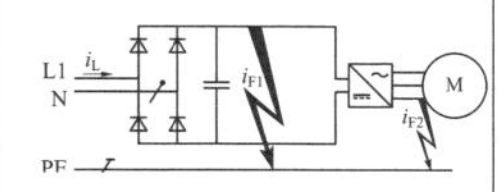	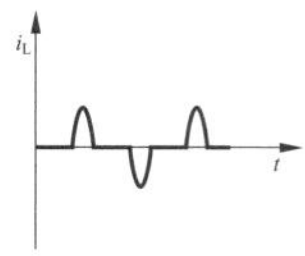	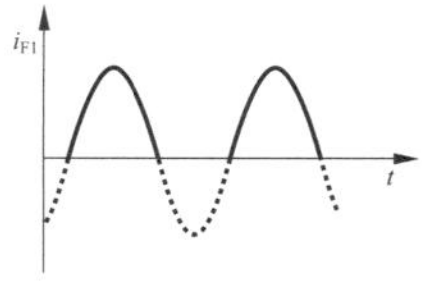	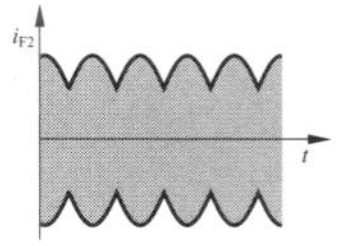

Bild 4.4 Lastströme im Fehlerfall

Durch den Einsatz von Frequenzumrichtern ist der Fehlerstrom i_{F2} hochfrequent geworden, was mehr und mehr die Forderung nach einen Typ F begründet, da die Anwendung von Frequenzumrichtern auch im häuslichen Umfeld immer mehr zunimmt.

Leitungsschutzschalter (LS)

Der Leitungsschutzschalter dient hauptsächlich dem Schutz von Leitungen vor Kurzschluss und Überlast, siehe **Bild 4.5**. Darüber hinaus kann der LS nach VDE 0100-410 unter bestimmten Voraussetzungen Schutz gegen elektrischen Schlag bieten.

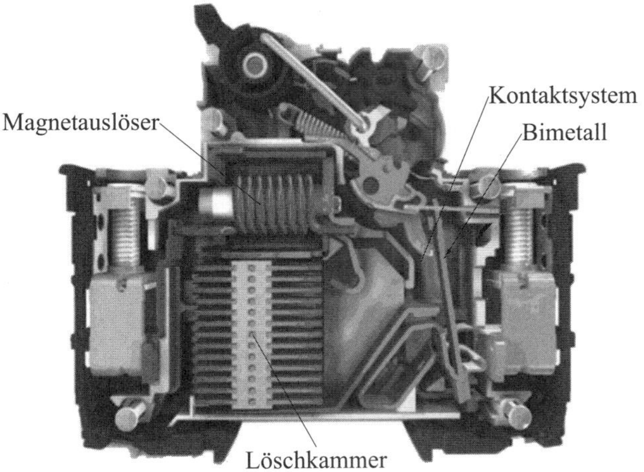

Bild 4.5 Innerer Aufbau eines Leitungsschutzschalters (Fa. Siemens) [5]

Funktionsweise

Magnetauslöser: dient der Schnellauslösung im Kurzschlussfall,

Bimetall: thermischer Auslöser, der im Überlastfall auslöst.

Bei sehr kleinen Nennströmen eines LS, meist kleiner als 6 A, ist zusätzlich eine Heizwicklung über das Bimetall angebracht, da die Heizwirkung des Stromflusses durch das Bimetall allein nicht ausreicht, um eine thermische Auslösung zu veranlassen. Der Betriebsstrom fließt in diesem Fall durch das Bimetall und die in Serie angebrachte Heizwicklung (im Bild nicht dargestellt).

Löschkammer: teilt den Lichtbogen in viele kleine Lichtbögen.

Öffnet das Kontaktsystem, wird der zwischen den offenen Kontakten entstandene Lichtbogen in die Löschkammer geleitet. Dort wird er in viele kleine Lichtbögen aufgeteilt, deren Einzellichtbogenspannung so klein ist, dass dieser erlischt. Dies

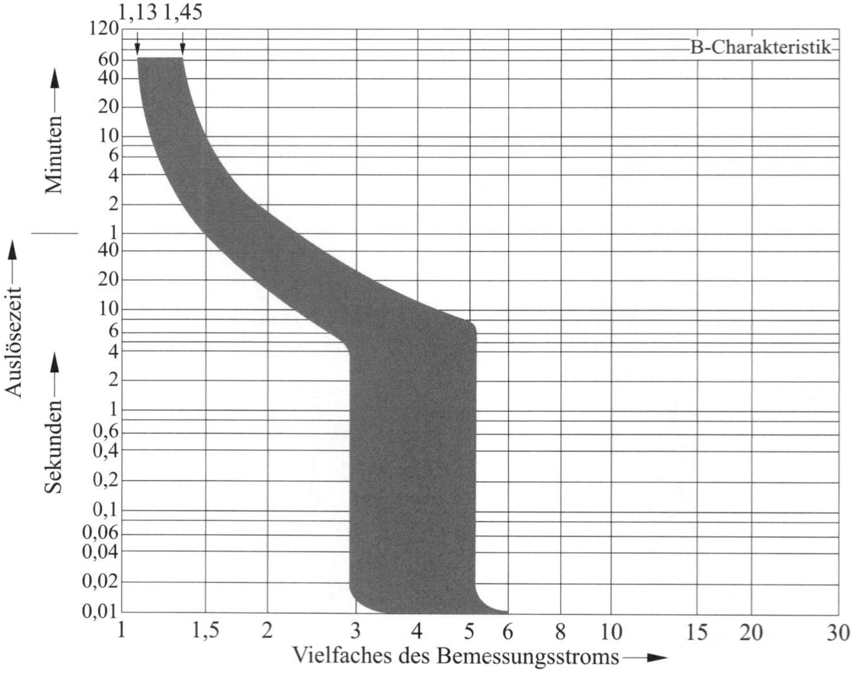

Bild 4.6 Strom-Zeit-Kennlinie eines Leitungsschutzschalters mit B-Charakteristik (Fa. Siemens) [5]

geschieht im Millisekundenbereich und begrenzt somit den Strom. Aus diesem Grund wird diese Konstruktion auch Strombegrenzer genannt.

In anderen Ländern, meist außerhalb Europas, ist noch eine andere Konstruktionsart im Einsatz. Hier sind anstelle der Löschkammer meist drei oder vier dicke Kühlbleche vorhanden. Zwischen diesen brennt der Lichtbogen bis zum Stromnulldurchgang weiter. Deshalb wird diese Konstruktion auch Nullpunktlöscher genannt.

Leitungsschutzschalter mit B-Charakteristik sind in Deutschland für den Einsatz in Licht- und Steckdosenstromkreisen bestimmt. Die Kennlinien gelten nach Norm für eine Umgebungstemperatur von 30 °C, siehe **Bild 4.6**. Bei höheren Temperaturen verschiebt sich die Kennlinie nach links, d. h. der LS löst früher aus. Ist es kälter, verschiebt sich die Kennlinie nach rechts, d. h. der LS löst später aus.

In Deutschland ist ein Bemessungsschaltvermögen von mind. 6000 A erforderlich sowie eine Energiebegrenzungsklasse 3. Die Geräte müssen folgende Aufschrift tragen: 6000 / 3

Die Produktnorm für den Leitungsschutzschalter ist die VDE 0641-11 „*Leitungsschutzschalter für Hausinstallationen und ähnliche Zwecke*“.

4.2 Bereiche

Die Bereiche 0, 1 und 2 in einem Badezimmer schränken die Installationszonen von Wänden und Böden entsprechend DIN 18015-3 erheblich ein. Auch bei der Verlegeart müssen besondere Anforderungen der „Nassbereiche“, entsprechend VDE 0100-701, beachtet werden. Die Errichtung von fest angeschlossenen elektrischen Verbrauchsmitteln ist eingeschränkt. Grundsätzlich werden in einem Badezimmer drei Bereiche mit unterschiedlichen Begrenzungen betrachtet:

Bereich 0 im Wasser,

Bereich 1 über/unter dem Bereich 0,

Bereich 2 neben dem Bereich 1.

Fadenmaß

Das Fadenmaß ist ein Hilfsmittel, um einen Bereich um ein Hindernis herum zu bestimmen. Mit diesem Maß wird der Bereich beim Umgreifen oder Übergreifen bestimmt, siehe **Bild 4.7**. Dies bedeutet, dass z. B. auch auf der Außenseite einer Trennwand zur Dusche der Bereich 2 sich fortsetzt und auch dort die Anforderungen für den Bereich 2 gelten.

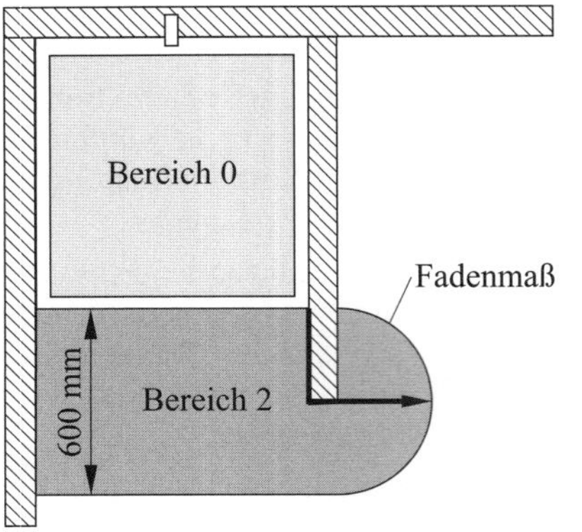

Bild 4.7 Fadenmaß bei einer Dusche mit Wanne

Die Abmessungen der Bereiche sind abhängig von der Art des Nassbereichs. Dabei ergeben sich drei grundsätzliche Anordnungen:

- Bereiche bei einer Badewanne, siehe **Bild 4.8**;
- Bereiche einer Dusche mit Duschwanne, siehe **Bild 4.9**;
- Bereiche einer Dusche ohne Duschwanne, siehe **Bild 4.10**.

Bereichsmaße sind ohne Toleranzen

Alle Abmessungen gelten entsprechend den Maßangaben. Es gibt keine Toleranzen. Wird z. B. ein Fernseher in die Wand an der Außenkante der Badewanne eingebaut und ragt dieser Fernseher nicht aus der Wand heraus, so befindet er sich im Bereich 2. Ragt jedoch der Fernseher aus der Mauernische der Wand heraus, so befindet er sich im Bereich 1. In solchen Fällen gelten alle Anforderungen des entsprechenden Bereichs für den Fernseher.

Länge des Duschschlauchs

Die Länge des Duschschlauchs hat keinen Einfluss auf die Abmessungen der Bereiche und gehört nicht zum fest angebrachten Wasserauslass.

Höhe des Bereichs 1

Normalerweise ist der Bereich 1 in der Höhe ab Fertigfußboden auf 2250 mm festgelegt, ist der Wasserauslass für eine Dusche in seiner Höhe höher als dieser Wert, so gilt die Höhe des Wasserauslasses als obere Begrenzung.

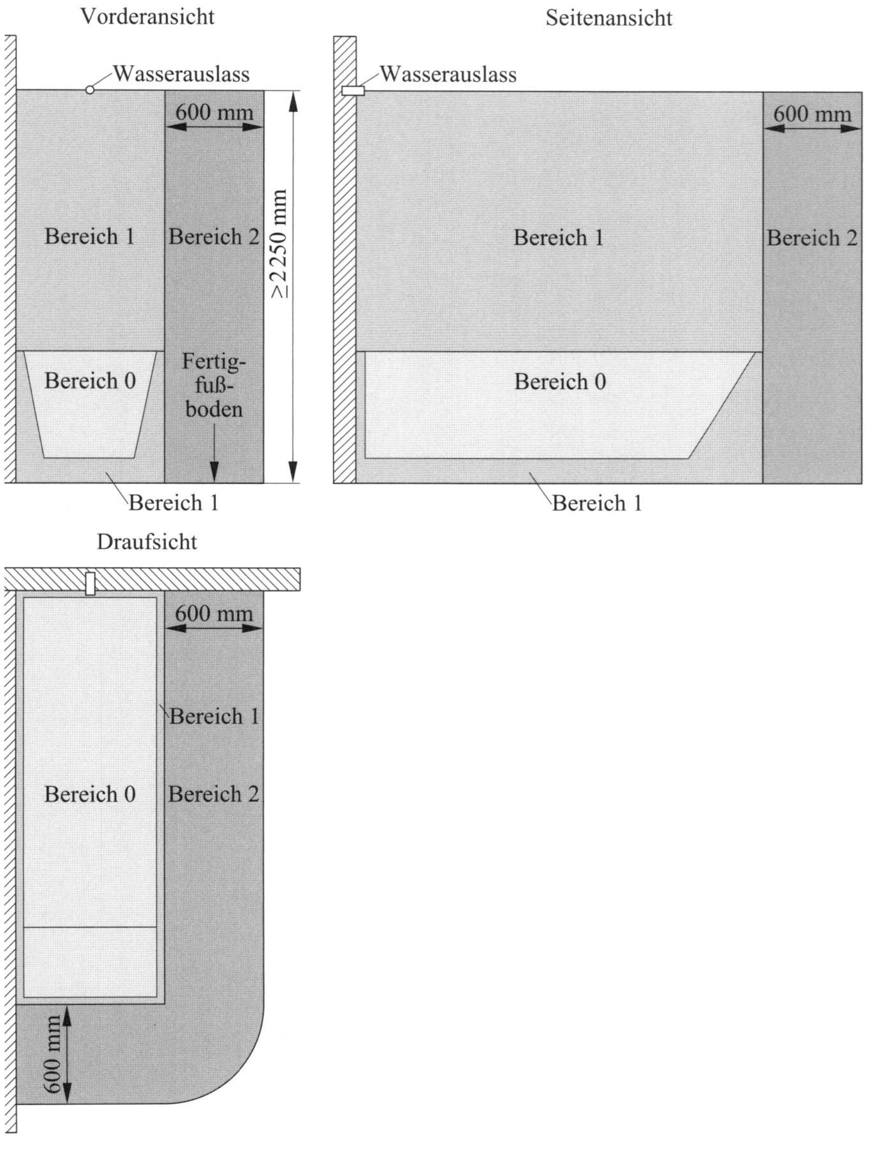

Bild 4.8 Bereiche bei einer Badewanne

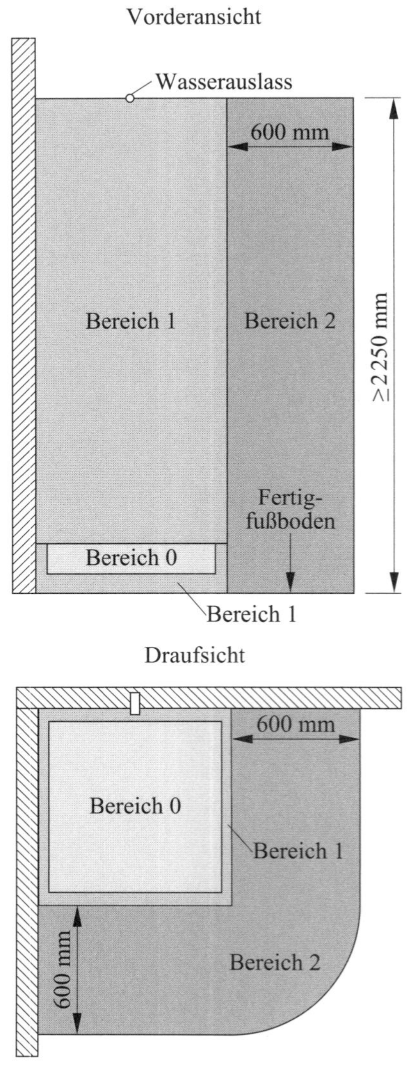

Bild 4.9 Bereiche bei einer Dusche mit Duschwanne

Bei der Errichtung eines fest angebrachten Brausekopfs an/in die Decke z. B. als Regendusche mit Abmessungen von z. B. 800 mm × 800 mm, erstreckt sich der Bereich 1 bis zur Decke.

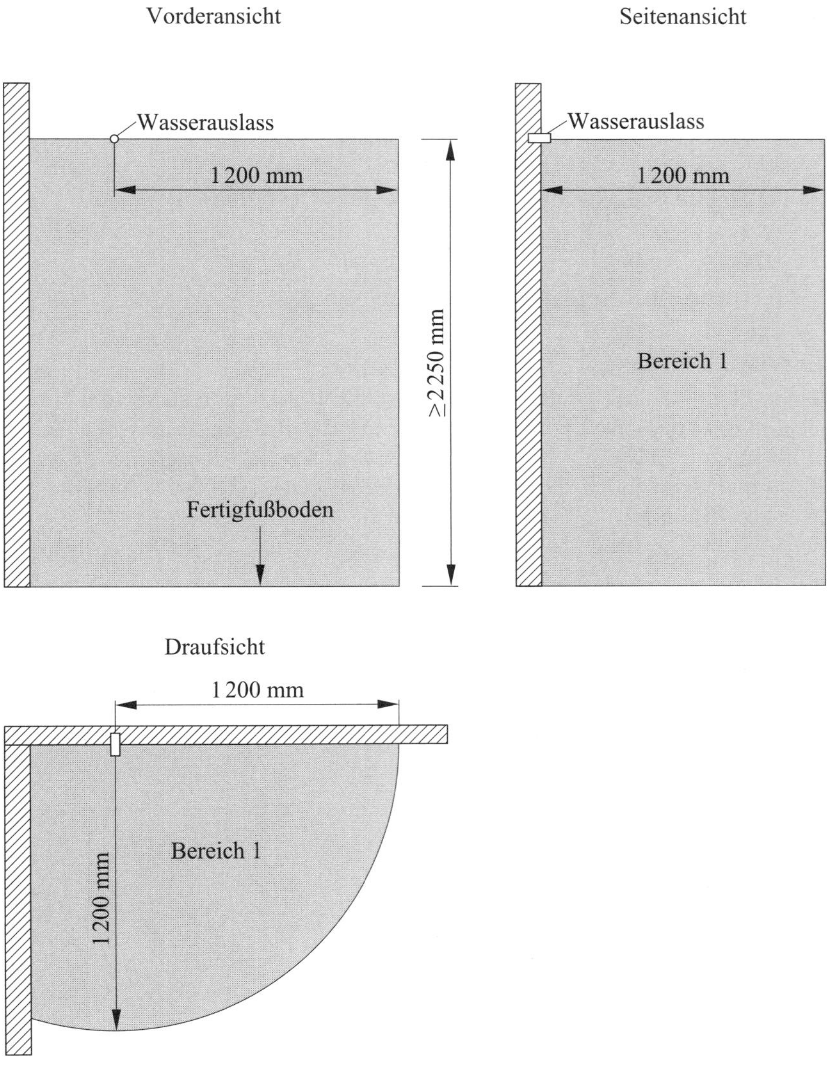

Bild 4.10 Bereiche bei einer Dusche ohne Wanne

Duschen ohne Wanne

Werden Duschen ohne Wanne errichtet, so gibt es keinen Bereich 0.

Bereich unter einer Wanne

Der Bereich unterhalb einer Badewanne gehört zum Bereich 1. Damit gelten auch unterhalb der Badewanne die entsprechenden Anforderungen. Der Bereich unterhalb des Fertigfußbodens unter einer Wanne gehört nicht zum Badezimmer. Für diesen Bereich gelten die grundsätzlichen Anforderungen der Hauptteile der VDE 0100.

Weitere detaillierte Beispiele enthält Band 67a der VDE-Schriftenreihe [6].

4.3 Erdung und Schutzpotentialausgleich

Haupterdungsschiene

Die Haupterdungsschiene ist der zentrale Anschlusspunkt, an dem sowohl der Erdungsleiter vom Fundamenterder als auch der Schutzleiter der elektrischen Anlage angeschlossen wird. Darüber hinaus wird der Schutzpotentialausgleich zwischen leitfähigen und fremden leitfähigen Teilen innerhalb eines Gebäudes hierüber hergestellt, siehe **Bild 4.11**.

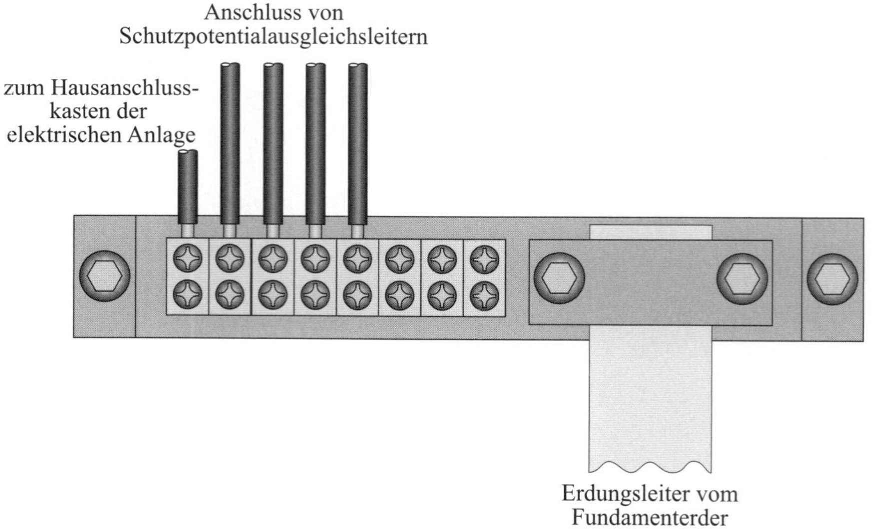

Bild 4.11 Haupterdungsschiene

Schutzpotentialausgleich

Ein Schutzpotentialausgleich ist immer dann erforderlich, wenn gleichzeitig berührbare Teile aufgrund unterschiedlicher Potentiale zueinander eine gefährliche Berührungsspannung annehmen können und ein Schutz gegen elektrischen Schlag durch Abschaltung nicht möglich ist.

Der Schutzpotentialausgleich wird in der Regel in der Nähe der Haupterdungsschiene vorgenommen. Dabei werden alle leitfähigen Teile, die in einem Gebäude verteilt werden, z. B. metallene Gasrohre, Wasser-/Abwasser- und Heizungsrohre, an die Haupterdungsschiene angeschlossen und damit leitend miteinander verbunden.

Außerhalb des Gebäudes geerdete Schirme von Leitungen von z. B. Kabelfernsehen, LAN-Anschlüsse und externen Antennen, die in das Gebäude eingeführt werden, gelten auch als fremde leitfähige Teile und müssen ebenfalls in den Schutzpotentialausgleich einbezogen werden.

Örtlicher Schutzpotentialausgleich

Ein örtlicher Schutzpotentialausgleich ist eine zusätzliche elektrische Verbindung zwischen allen elektrisch leitfähigen Teilen in einem Raum, z. B. in einem Badezimmer. Der örtliche Schutzpotentialausgleich ist zwar nach VDE 0100-540 nicht gefordert, wird aber für Badezimmer optional genannt, wobei die Badewanne oder Duschwanne nicht in den örtlichen Schutzpotentialausgleich einbezogen werden braucht [7].

Die Anschlüsse für den Schutzpotentialausgleich können einzeln oder zusammengefasst mit der Haupterdungsschiene verbunden werden, siehe **Bild 4.12** und **Bild 4.13**.

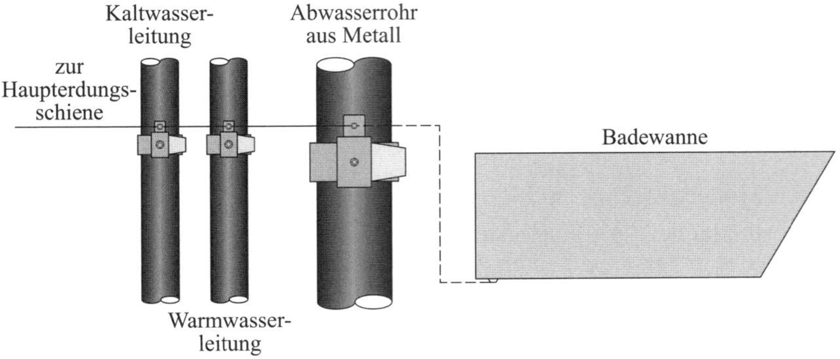

Bild 4.12 Beispiel eines örtlichen Schutzpotentialausgleichs mit Durchgangsverdrahtung

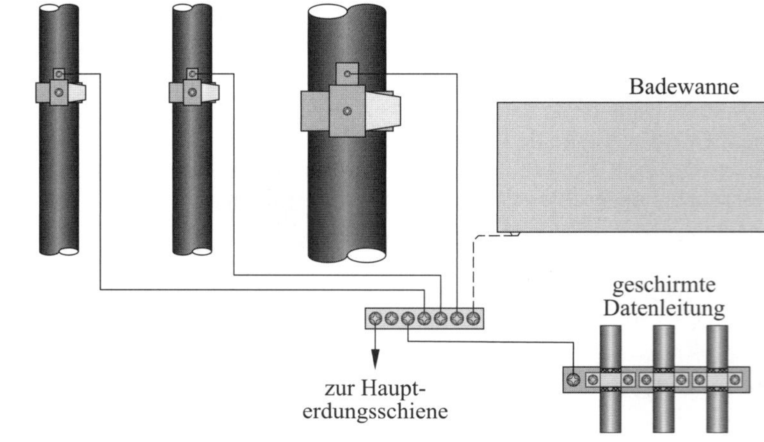

Bild 4.13 Beispiel eines örtlichen Schutzpotentialausgleichs mit Einzelanschluss

Die elektrisch beste Installation eines Schutzpotentialausgleichs ist die Durchgangsverdrahtung, die auch als ungeschnittene Verbindung bezeichnet wird, siehe **Bild 4.12**. Die Verbindung des örtlichen Schutzpotentialausgleichs mit einzelnen Leitungen an einer Klemme ist nicht zugelassen, da beim Öffnen dieser Klemme die Verbindung zur Haupterdungsschiene und zu den anderen leitfähigen Teilen unterbrochen wird.

Wenn der örtliche Schutzpotentialausgleich nicht mit einer Durchgangsverdrahtung realisiert wird, so ist auch eine Zusammenfassung der Schutzpotentialausgleichsleiter mittels einer separaten Erdungsschiene realisierbar. Dies ist insbesondere dann zu empfehlen, wenn auch Schirme von Kommunikationseinrichtungen eingebunden werden müssen, siehe **Bild 4.13**.

Solche Anschlussstellen müssen jedoch für die Besichtigung immer zugänglich sein [8].

Umbauten/Modernisierungen

Beim Umbau oder bei der Modernisierung eines Badezimmers, bei dem die Wirksamkeit eines zentralen Schutzpotentialausgleichs nicht ohne Weiteres nachprüfbar ist, sollte grundsätzlich ein örtlicher Schutzpotentialausgleich vorgesehen werden.

Leitfähige Teile eines Gebäudes

Leitfähige (metallene) Teile eines Gebäudes, z. B. Haltegriffe, Körbe für Bade- und Duschutensilien, eingemauerte Rahmen, Befestigungsanker von Glasscheiben für Duschkabinen oder Abdeckungen von Wasserabflüssen, können kein anderes Potential annehmen als das Potential des Gebäudes und brauchen deshalb nicht in den Schutzpotentialausgleich einbezogen werden. Dies gilt eigentlich auch für Bade- und Duschwannen, doch werden sie beim örtlichen Schutzpotentialausgleich meistens mit einbezogen.

Metallene Rohre der Gas- und Wasserversorgung werden heute üblicherweise nach der Einführung in ein Gebäude mit einem Isolierstück galvanisch von der gebäudeseitigen Installation getrennt. Somit sind diese metallenen Rohre keine fremden leitfähigen Teile mehr. Doch entsprechend VDE 0100-540 müssen diese Leitungen in den Schutzpotentialausgleich und auch, wenn vorhanden, in den örtlichen Schutzpotentialausgleich eingebunden werden, z. B. in einem Badezimmer.

Fremde leitfähige Teile

Fremde leitfähige Teile sind leitfähige Teile, die von „außen" in ein Gebäude eingeführt werden und ein anderes Potential als das des Gebäudes haben können, z. B. Leitungen der Gas- und Wasserversorgung und ggf. Abwasserrohre aus Metall. Neuerdings müssen auch Schirme von Kommunikationseinrichtungen, wie Kabelfernsehen und LAN-Anschlüsse, die bereits mit einem vom Gebäude unabhängigen Erder verbunden sind, auch in den Schutzpotentialausgleich bzw. örtlichen Schutzpotentialausgleich einbezogen werden.

Bild 4.14 Mehrschichtverbundrohr

Örtlicher Schutzpotentialausgleich rückläufig

Da für die Kalt- und Warmwasserversorgung immer mehr Mehrschichtverbundrohre entsprechend DIN 16836 verwendet werden (siehe **Bild 4.14**), Badewannen häufig aus Kunststoff hergestellt sind und Duschwannen/-tassen häufig komplett entfallen (siehe **Bild 4.15**), ist ein örtlicher Schutzpotentialausgleich in modernen Badezimmern praktisch nicht mehr möglich.

Bild 4.15 Dusche ohne Wanne

Errichtung eines örtlichen Schutzpotentialausgleichs

Wird ein Leiter von der Haupterdungsschiene durch ein Gebäude zum örtlichen Schutzpotentialausgleich verlegt, so ist die Ausführung des Leiters abhängig von der Verlegeart. Dabei sollten auch die in der Bauphase zu erwartenden unbeabsichtigten mechanischen Belastungen beachtet werden, wie das Drauftreten oder das Herabfallen von Steinen, Werkzeugen und das temporäre Abstellen von Geräten/Einrichtungsgegenständen bei der Montage.

Im Abschnitt 543.1.3 der VDE 0100-540 ist festgelegt, dass ein Schutzleiter, der nicht Teil eines Kabels/einer Leitung als mechanisch geschützt verlegt gilt, wenn er z. B. in einem trittfesten Installationsrohr verlegt wurde. Deshalb sollten Einzeladerkabel/-leitungen grundsätzlich zusätzlich ummantelt sein, siehe **Bild 4.16**. Der Mindestquerschnitt sollte aufgrund der mechanischen Festigkeit größer sein als für Schutzzwecke erforderlich, oder die Verlegung sollte in einem trittfesten Schutzrohr erfolgen.

Bild 4.16 Schutzleiter mit Mantelisolierung (Fa. Lapp)

Mindestquerschnitt

Der Schutzpotentialausgleichsleiter zur Haupterdungsschiene muss entsprechend VDE 0100-540 bei Kupfer einen Mindestquerschnitt von 6 mm^2 haben. Diese Anforderung gilt unabhängig von den Querschnitten der Schutzleiter von Stromversorgungen in einem Badezimmer.

Kennzeichnung

Schutzpotentialausgleichsleiter sind Schutzleiter im Sinn der VDE 0100. Damit gelten für die Kennzeichnung des Leiters alle Anforderungen wie für Schutzleiter entsprechend VDE 0100-510. Die Basisisolierung muss demnach grün/gelb gekennzeichnet sein. Bei einadrig ummantelten Kabeln/Leitungen, die nicht mit grün/gelber Basisisolierung erhältlich sind, z. B. bei größeren Querschnitten, dürfen auch andere Farben für die Basisisolierung verwendet werden. An den Anschlussstellen müssen die Enden dann jedoch mit einer grün/gelben Markierung versehen werden.

Anschlüsse für den Schutzpotentialausgleich

Die elektrischen Verbindungen mit Rohren oder anderen leitfähigen Teilen müssen mit dafür vorgesehenem Installationsmaterial vorgenommen werden. Wichtig ist dabei, dass die Verbindung stromtragfähig ist.

Rohrschellen mit Spannband sind besonders rationell, da sie für unterschiedliche Rohraußendurchmesser geeignet sind. An jeder Rohrschelle darf nur ein Leiter angeklemmt werden, es sei denn, die Anschlussklemme ermöglicht eine Durchgangsverdrahtung (siehe **Bild 4.17**).

Natürlich können nur leitfähige Teile in den Schutzpotentialausgleich eingebunden werden. Rohre, die außen von einem Kunststoff umhüllt sind, z. B. Mehrschichtverbundrohre, können demnach nicht angeschlossen werden.

Kontaktkorrosion vermeiden

Damit es zwischen metallenen Rohren und dem Anschlussmaterial nicht zur einer Kontaktkorrosion kommt, müssen die Verbindungselemente aus einem Material bestehen, das mit dem Metall der anzuschließenden Teile verträglich ist.

Der Grund ist die Kontaktkorrosion [9], die beim Kontakt unterschiedlicher Metalle und das Vorhandensein von z. B. hoher Luftfeuchtigkeit ein „galvanisches Element" bilden. Die Folge ist Korrosion, wodurch eine dauerhafte Verbindung nicht gewährleistet werden kann.

Rohrschellen, die entsprechend VDE 0185-201 für den Anschluss eines metallenen Rohrs an ein Blitzschutzsystem zu verwenden sind, eignen sich auch als Verbindungselement für den Schutzpotentialausgleich. Banderdungsschellen aus VA-Material sind sowohl für Kupferrohre als auch für verzinkte Stahlrohre geeignet, siehe Bild 4.17.

Bild 4.17 VA-Rohrschelle zur Herstellung eines Schutzpotentialausgleichs (Quelle: OBO Bettermann)

Entsprechend VDE 0100-540 dürfen Schrauben für den Schutzleiteranschluss nicht zusätzlich für andere Zwecke verwendet werden, z. B. zur Fixierung des Rohrs.

Kommunikationseinrichtungen

In modernen Badezimmern werden immer häufiger auch Medien integriert. So ist der Einbau von Flachbildschirmen mit Satellitenanschluss oder Kabelfernsehen keine Seltenheit mehr. Beim Kabelfernsehen erfolgt die Datenübertragung mit einem geschirmten Kabel/einer geschirmten Leitung, die aus EMV-Gründen entsprechend VDE 0100-444 beidseitig mit Erde verbunden werden muss. Damit ist die Einführung eines fremden leitfähigen Teils, das mit einem gebäudeunabhängigen Erder verbunden ist, gegeben. Dieser Schirm muss auf jeden Fall in den Schutzpotentialausgleich bzw. örtlichen Schutzpotentialausgleich eingebunden werden, ebenso der Schirm von einer LNB-Verbindung der Satelliten-Empfangseinrichtung. Werden auch geschirmte LAN-Kabel im Badezimmer installiert, so müssen sie ebenfalls in den Schutzpotentialausgleich eingebunden werden. VDE 0855-300 fordert die Einbeziehung von Empfangssystemen in den Schutzpotentialausgleich des Gebäudes, siehe **Bild 4.18**.

Kennzeichnung der Leiter

Entsprechend VDE 0100-200 ist der Schutzpotentialausgleichsleiter, auch der zusätzliche, ein Schutzleiter und muss dementsprechend auf seiner gesamten Länge grün-gelb gekennzeichnet sein. Bei Querschnitten > 16 mm^2 sind andere Kennzeichnungsmethoden zulässig.

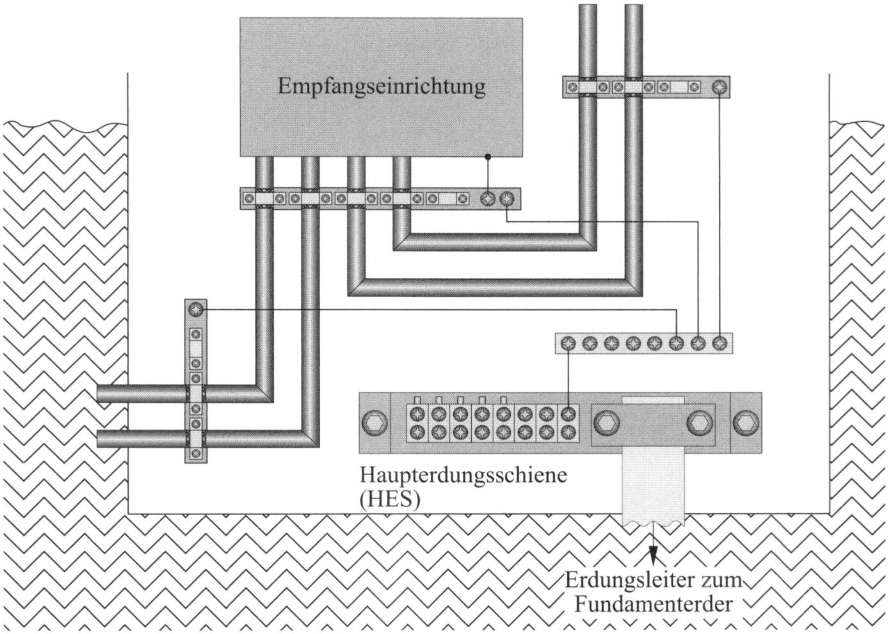

Bild 4.18 Potentialausgleich von geschirmten Kabeln/Leitungen

Kupplungen von Signalleitungen sollten zusätzlich mit einer Leitung überbrückt werden, da beim Öffnen der Kupplung auch der Schutzpotentialausgleich mit dem Schirm unterbrochen wird, siehe **Bild 4.19**.

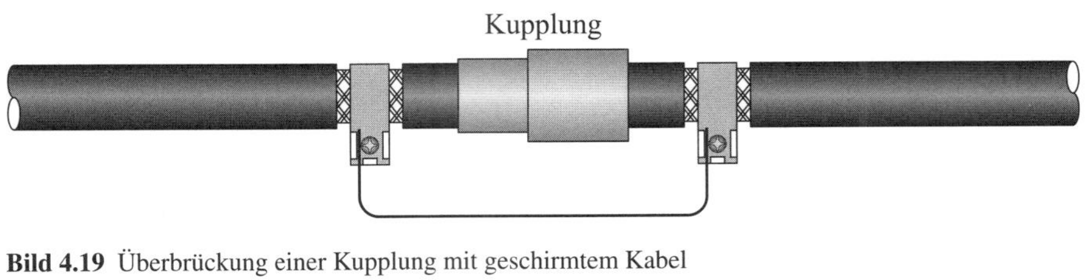

Bild 4.19 Überbrückung einer Kupplung mit geschirmtem Kabel

Verformung des Schirms

Beim Anschluss eines Schirms mit der Schutzpotentialausgleichsschiene muss immer darauf geachtet werden, dass der Schirm um die zu schirmenden Leitungen symmetrisch ist, da eine Quetschung (siehe **Bild 4.20**) zu einer Reduzierung der Schirmwirkung führt. Gerade bei Koaxialkabeln ist es wichtig, dass der zentral liegende Leiter immer einen gleichen Abstand zum Schirm hat. Das bedeutet letztendlich, dass die Schraubverbindung eines Schirms nur „handangezogen“ sein sollte.

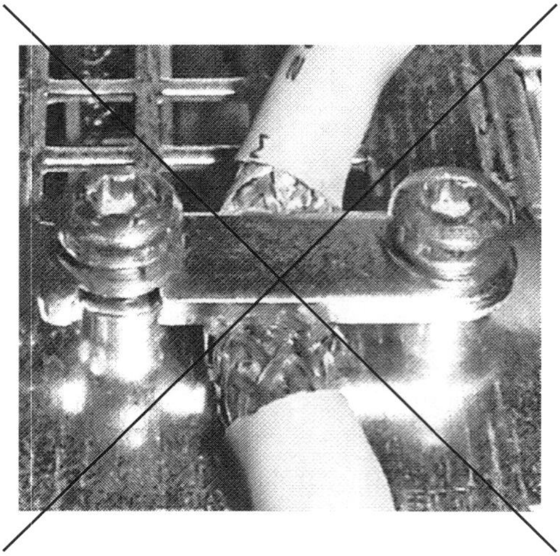

Bild 4.20 Quetschung eines geschirmten Kabels

4.4 Besondere Installationsregeln

In den Bereichen 0, 1 und 2 eines Badezimmers dürfen nur unter Beachtung besonderer Installationsregeln Kabel/Leitungen zu elektrischen Betriebsmitteln verlegt werden. Sowohl die Stromquelle als auch die Schutzart müssen entsprechend dem Bereich ausgewählt werden. Bei der Überprüfung, ob die geplante Installation geeignet ist, muss immer zu allen drei Themen eine Festlegung getroffen werden, siehe **Bild 4.21**.

Schutzart

Die verwendeten elektrischen Verbrauchsmittel müssen nach Herstellerangaben für den vorgesehenen Bereich geeignet sein und in Abhängigkeit des Bereichs eine Schutzart von IPX7 im Bereich 0 und in den Bereichen 1 und 2 eine Schutzart von IPX4 und beim Auftreten von Strahlwasser IPX5 aufweisen.

Schutzleiter

Alle Kabel/Leitungen müssen einen Schutzleiter enthalten, der mit dem Schutzleiter der elektrischen Anlage zu verbinden ist. Kabel/Leitungen für PELV- oder SELV-Stromkreise brauchen keinen Schutzleiter enthalten.

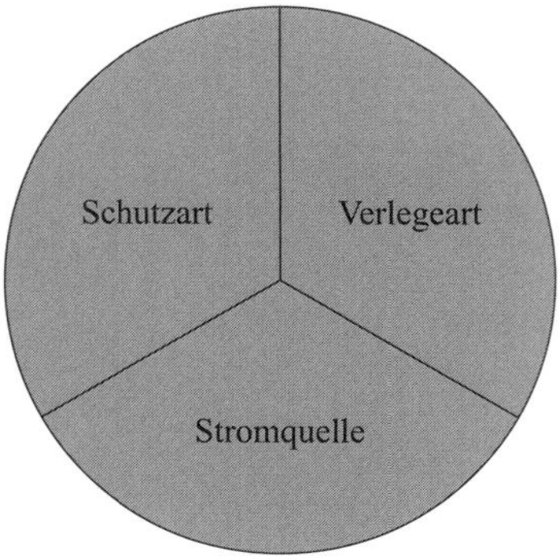

Bild 4.21 Die drei wichtigen Entscheidungen

Stegleitungen

Auf die Verwendung von Stegleitungen, entsprechend VDE 0250-201, sollte man bei der Elektroinstallation im Badezimmer grundsätzlich verzichten. Wenn Stegleitungen im Badezimmer verlegt würden, müssten diese Leitungen grundsätzlich > 6 cm tief verlegt werden. Diese Anforderung gilt für das gesamte Badezimmer. Da Stegleitungen für die Verlegung im Putz vorgesehen sind, kann bei einer 6 cm tiefen Verlegung in einer Wand wohl nicht mehr von einer Verlegung im Putz gesprochen werden. Somit ist faktisch die Verwendung von Stegleitungen im gesamten Badezimmer ausgeschlossen.

Zuleitungen zu elektrischen Verbrauchsmitteln in den Bereichen 0, 1 und 2

Die Zuleitung der Stromversorgung zu elektrischen Verbrauchsmitteln in den Bereichen 0, 1 und 2 muss horizontal oberhalb 225 cm, ab Oberkante Fertigfußboden oder unterhalb des Fertigfußbodens, verlegt werden (siehe **Bild 4.22**). DIN 18015-3 legt die Maße der Installationszonen dazu fest, siehe auch Kapitel 3.3.

Verlegezone

Die zulässige horizontale Verlegezone von 30 cm Höhe entsprechend DIN 18015-3 reduziert sich oberhalb der Bereiche 1 und 2 bei einer Deckenhöhe von z. B. 250 cm auf 10 cm, bei einem Abstand zur Decke von 15 cm.

Elektrische Verbrauchsmittel

a) Im Bereich 0

Elektrische Verbrauchsmittel dürfen in diesem Bereich nur mit einer Spannung von AC 12 V oder DC 30 V verwendet werden, die von einem SELV-Sicherheitstransformator versorgt werden. Der Sicherheitstransformator darf weder im Bereich 0 noch im Bereich 1 platziert werden.

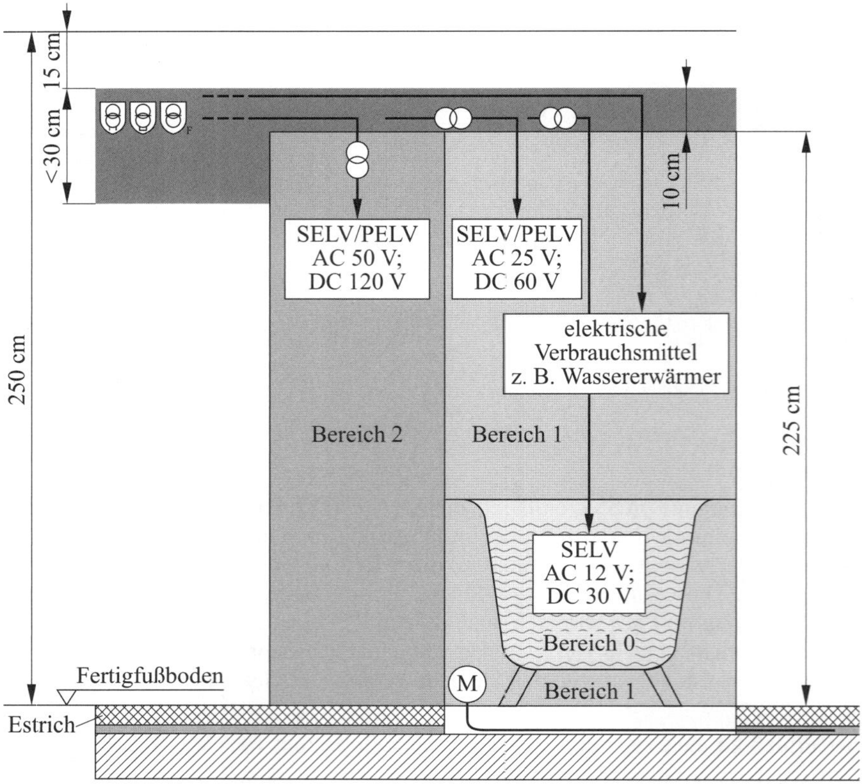

Bild 4.22 Stromzuführung in die Bereiche

Elektrische Verbrauchsmittel müssen in diesem Bereich eine Schutzart von mind. IPX7 haben und gemäß Herstellerangaben für den Einsatz in diesem Bereich 0 geeignet sein.

b) Im Bereich 1

Einige elektrische Verbrauchsmittel, die direkt an das Stromversorgungsnetz angeschlossen werden dürfen, haben im Bereich 1 einen Sonderstatus, sind aber auf fest montierte elektrische Betriebsmittel begrenzt.

Wassererwärmer

Der Wassererwärmer hat im Bereich 1 einen speziellen Sonderstatus, denn für ihn ist kein zusätzlicher Schutz mit einer 30-mA-Fehlerstrom-Schutzeinrichtung

(RCD) gefordert. Damit gelten für die Zuleitung zum Wassererwärmer immer die strengen Anforderungen von > 6 cm Verlegetiefe. Da heutzutage eigentlich alle elektrischen Verbrauchsmittel „RCD-verträglich“ sind, bietet es sich an, grundsätzlich alle Stromkreise, die in einem Badezimmer eingeführt werden, mit einer 30-mA-Fehlerstrom-Schutzeinrichtung (RCD) zu schützen. Auch Wassererwärmer führen mittlerweile nur noch einen geringen betriebsmäßigen Ableitstrom über den Schutzleiter ab, sodass sie heute „RCD-verträglich“ sind und zusätzlich mit einer (eigenen) 30-mA-Fehlerstrom-Schutzeinrichtung (RCD) geschützt werden können. Weitere elektrische Verbrauchsmittel mit Sonderstatus, die im Bereich 1 direkt an das Stromversorgungsnetz angeschlossen werden müssen, sind:

- Whirlpool-Einrichtungen,
- elektrische Handtuchwärmer,
- Duschpumpen,
- Lüfter.

Der Raum unterhalb einer Badewanne bis zur Höhe des Fertigfußbodens gehört zum Bereich 1. Der Raum unterhalb des Fertigfußbodens gehört nicht zum Badezimmer. Für diesen Raum gelten die grundsätzlichen Anforderungen der VDE 0100.
Alle anderen Verbrauchsmittel dürfen nur mittels einer SELV- oder PELV-Stromquelle mit einer Kleinspannung von AC 25 V oder DC 60 V versorgt werden. Die Stromquelle muss außerhalb der Bereiche 0 und 1 errichtet werden.

Elektrischer Anschluss
Der elektrische Anschluss an diesen fest montierten elektrischen Verbrauchsmitteln muss immer von hinten an das elektrische Verbrauchsmittel erfolgen. Die Anschlüsse zu den elektrischen Verbrauchsmitteln sollten ohne Unterbrechung angeschlossen werden. Die Errichtung einer Abzweig- oder Anschlussdose ist zwar zugelassen, wenn Abzweig- oder Anschlussdose die erforderliche Schutzart von IPX4 erfüllen, es sollte aber in diesem Bereich auf Abzweig- oder Anschlussdosen verzichtet werden.
Alle elektrischen Verbrauchsmittel in diesem Bereich müssen eine Schutzart von mind. IPX4 haben und gemäß Herstellerangaben für den Einsatz im Bereich 1 geeignet sein. Können diese elektrischen Verbrauchsmittel einem Strahlwasser, z. B. bei Reinigungsarbeiten, ausgesetzt sein, so muss die Schutzart auf mind. IPX5 erhöht werden.

c) Im Bereich 2

Anders als im Bereich 1 darf im Bereich 2 die PELV-/SELV-Stromquelle für einen Stromkreis im Bereich 2 errichtet werden. Elektrische Verbrauchsmittel dürfen

in diesem Bereich nur mit einer PELV- oder SELV-Kleinspannung von AC 50 V oder DC 120 V verwendet werden.
Elektrische Verbrauchsmittel müssen in diesem Bereich eine Schutzart von mind. IPX4 haben und gemäß Herstellerangaben für den Einsatz im Bereich 2 geeignet sein. Können diese elektrischen Verbrauchsmittel einem Strahlwasser, z. B. bei Reinigungsarbeiten, ausgesetzt sein, so muss die Schutzart auch hier auf mind. IPX5 erhöht werden.
Eine Ausnahme gilt für Rasiersteckdosen entsprechend VDE 0570-2-5. Diese dürfen im Bereich 2 errichtet werden, müssen jedoch von einem RCD-geschützten Stromkreis versorgt werden.

d) Im Bereich Waschbecken

Immer wird nach den besonderen Anforderungen im Bereich des Waschbeckens im Badezimmer gefragt. Doch hierfür gelten die Anforderungen entsprechend den grundsätzlichen Normen der VDE 0100. Werden elektrische Verbrauchsmittel im oder am Waschbecken errichtet, so müssen hierfür die Hersteller eine Aussage machen, siehe **Bild 4.23** und **Bild 4.24**.

Bild 4.23 Beleuchtetes Waschbecken

Dies bedeutet, dass z. B. für eine Steckdose in der Nähe des Wasserhahns natürlich besondere Anforderungen existieren. Wenn z. B. bei normaler Verwendung des Waschbeckens ein Spritzen des Wassers in eine Steckdose möglich ist, muss diese Steckdose eine Schutzart von mind. IPX3 oder IPX4 haben. Dies gilt auch für Leuchten und andere elektrische Verbrauchsmittel.

Bild 4.24 Wasserhahn mit Temperaturanzeige

Spiegelheizung

Elektrische Spiegelheizungen, die direkt am Stromversorgungsnetz angeschlossen sind, z. B. mit AC 230 V versorgt werden, dürfen nur dann über ein Waschbecken montiert werden, wenn die Spiegelheizung hinter dem Spiegel nicht in den Bereich 1 bzw. 2 hineinragt (**Bild 4.25**).

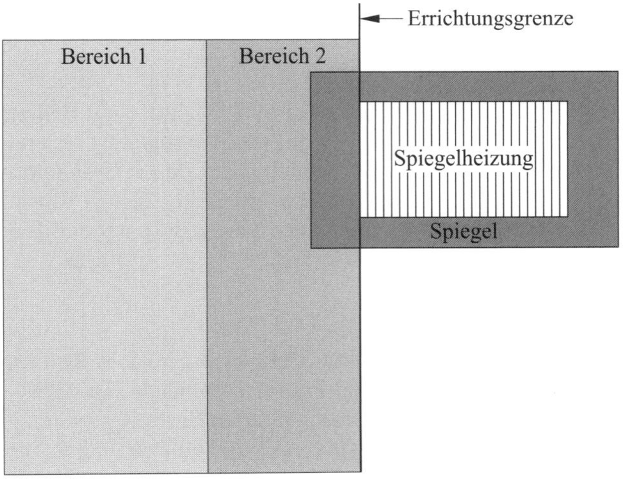

Bild 4.25 Errichtungsgrenze bei Spiegelheizungen

Lautsprecher

Lautsprecher dürfen nur im Bereich 1 und 2 errichtet werden, wenn der Verstärker von einer SELV- oder PELV-Stromquelle versorgt wird. Die max. Kleinspannung und die Schutzart sind abhängig vom Bereich der Errichtung.

Fernseher

Fernseher dürfen nur im Bereich 1 und 2 errichtet werden, wenn sie von einer SELV- oder PELV-Stromquelle versorgt werden. Die max. Kleinspannung ist abhängig vom Bereich der Errichtung. Solche Fernsehgeräte, die z. B. als Flachbildschirm in die Wand vertieft montiert werden, müssen die geforderte Schutzart von IPX4 aufweisen und entsprechend den Herstellerangaben für diesen Einsatz geeignet sein.

Waschmaschine

Der Einsatz einer Waschmaschine im Badezimmer ist durch das Vorhandensein von Frischwasser und der Möglichkeit der Ableitung des Abwassers ein optimaler Ort in einer Wohnung. Doch das Problem liegt in der Regel in der Größe eines Badezimmers. Der elektrische Anschluss solcher Verbrauchsmittel darf in den Bereichen 0, 1 und 2 nicht vorgesehen werden. Andererseits müssen elektrische Verbrauchsmittel im Bereich 2 (neben einer Badewanne) eine Schutzart von mind. IPX4 aufweisen. Doch der Elektroinstallateur kann nur die Steckdose planen und errichten, und diese muss außerhalb der Bereiche 0, 1 und 2 sein und zusätzlich mit einer 30-mA-Fehlerstrom-Schutzeinrichtung (RCD) geschützt sein. Dies gilt auch für eine Steckdose außerhalb des Badezimmers, die für die Verwendung einer Waschmaschine im Badezimmer vorgesehen ist.

Touchscreen

Badezimmer mit umfangreichen Kommunikationseinrichtungen können mit Bedien- und Anzeigesystemen ausgestattet werden, wenn sowohl die Stromquellen als auch die Geräte den Anforderungen für Badezimmer in Abhängigkeit des Verwendungsorts (Bereich) erfüllen. Die Eignung muss von den Herstellern für diesen Einsatz zugelassen sein. Solche Einrichtungen sind gerade für das technikunterstützende Leben (AAL Ambient Assisted Living) sinnvoll.

KNX

KNX ist ein Feldbus zur Gebäudeautomation. Die Hauptziele sind höherer Komfort und größere Flexibilität bei der Elektroinstallation in einem Gebäude. Das KNX-System ist eine Weiterentwicklung vom EIB, das von namhaften Herstellern gemeinsam erarbeitet wurde. Mit solch einem System kann eine Vielzahl von vernetzten Funktionen innerhalb einer Gebäudeinstallation realisiert werden und ermöglicht die logische Verknüpfung verschiedener Hersteller untereinander (Logo: siehe **Bild 4.26**).

KNX-Bussysteme werden entsprechend den Herstellerangaben mit einer SELV-Stromquelle mit DC 24 V (ungeerdet) versorgt. Damit ist der Einsatz von KNX-Sensoren und -Aktoren unter Beachtung der erforderlichen Schutzart in den Bereichen 1 und 2 eines Badezimmers erlaubt.

Bei Verwendung dieser Produkte und der Errichtung der dazugehörigen Elektroinstallation müssen sowohl die Stromquellen als auch die Geräte den Anforderungen für Badezimmer in Abhängigkeit des Verwendungsorts (Bereich) erfüllen. Die Eignung muss in den Herstellerangaben für die vorgesehene Verwendung bestätigt werden.

KNX®

Bild 4.26 Logo für KNX-Produkte

Verlegung Kabel/Leitungen

Für die Verlegung von Kabel/Leitungen in Badezimmern gelten Anforderungen, die sicherstellen sollen, dass solche Kabel und Leitungen, wenn sie in der Wand oder im Fußboden verlegt sind, später nicht durch andere Handwerkermaßnahmen beschädigt werden. Durch das Einschlagen von Nägeln in eine Wand oder das Bohren in Wänden/Fußboden für die Montage von Gegenständen des Badezimmers darf keine Gefahr eines elektrischen Schlags ausgehen. Es sind deshalb für die Verlegung von Kabel/Leitungen besondere Maßnahmen zu beachten, siehe **Bild 4.27**.

Kabel/Leitungen zu elektrischen Verbrauchsmitteln dürfen im Bereich 1 auch auf der Außenseite der angrenzenden Wand verlegt werden. Dabei muss ein Mindestabstand zwischen dem Kabel/der Leitung auf der Installationsseite und der Innenwandfläche im Badezimmer ein Abstand von ≥ 6 cm eingehalten werden, siehe **Bild 4.28**. Die Zuleitung ist dann waagerecht durch die Wand in das Badezimmer zum elektrischen Verbrauchsmittel zu verlegen. Die Einführung des Kabels/der Leitung in das elektrische Verbrauchsmittel muss dann durch die Rückwand des Geräts erfolgen.

Raumfremde Kabel/Leitungen

Bei der Planung sollte grundsätzlich eine Durchquerung von Badezimmern mit raumfremden Kabeln/Leitungen nicht in Erwägung gezogen werden. Auch für die Verlegung von raumfremden Kabeln/Leitungen gelten besondere Anforderungen, siehe **Bild 4.29**.

Bild 4.27 Verlegung von Leitungen im Badezimmer

Sind keine alternativen Installationswege außerhalb des Badezimmers möglich, so sollte der „RCD-Variante“ der Vorzug gegeben werden. Da in der Regel fast alle Stromkreise mit einer 30-mA-Fehlerstrom-Schutzeinrichtung (RCD) geschützt sind, brauchen dann nur noch die Stromkreise zusätzlich mit einem RCD geschützt werden, die normalerweise diesen zusätzlichen Schutz entsprechend VDE 0100-410 eventuell nicht benötigen. Natürlich sind für solche Kabel/Leitungen die Bereiche 0, 1 und 2 Tabuzonen.

Verlegung unterhalb des Fertigfußbodens

Bei der Verlegung von Kabeln/Leitungen unterhalb des Fertigfußbodens müssen die Anforderungen der VDE 0100-520 und DIN 18015-3 beachtet werden. In solchen Fällen ist die Verlegung von Kabeln/Leitungen in einem Schutzrohr oder von Man-

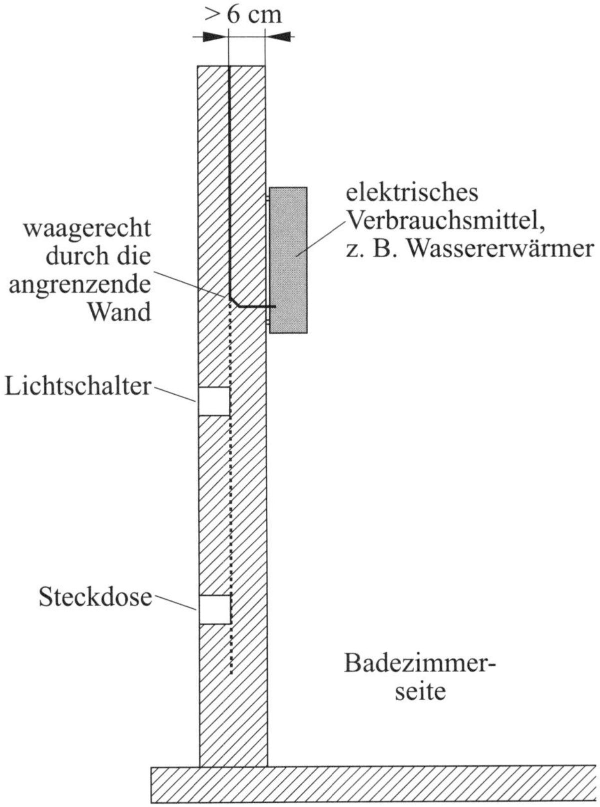

Bild 4.28 Verlegung einer Stromversorgung waagerecht durch die Wand

telleitungen in der Dämmschicht unterhalb des Estrichs vorzusehen, siehe **Bild 4.30** und **Bild 4.31**.

Bei der Wegplanung der Schutzrohre unterhalb des Fertigbodens sind mögliche Bodenbefestigungen von Einrichtungen im Badezimmer, z. B. Toiletten, zu berücksichtigen. Gemäß VDE 0100-520 darf für die Verlegung von Kabeln/Mantelleitungen, abweichend von den Installationsregeln für Wände, der kürzeste praktische Weg gewählt werden.

Elektroinstallationen unterhalb des Fertigbodens brauchen nicht zusätzlich der VDE 0100-701 entsprechen. Hierfür gelten die Anforderungen der Hauptteile der Normenreihe VDE 0100.

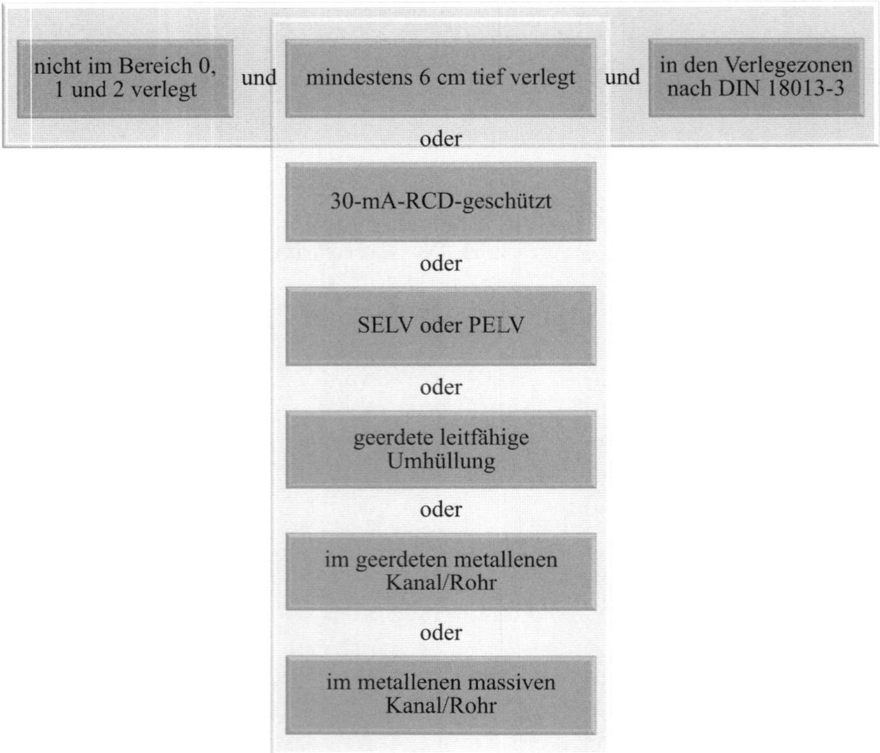

Bild 4.29 Anforderungen für raumfremde Kabel/Leitungen

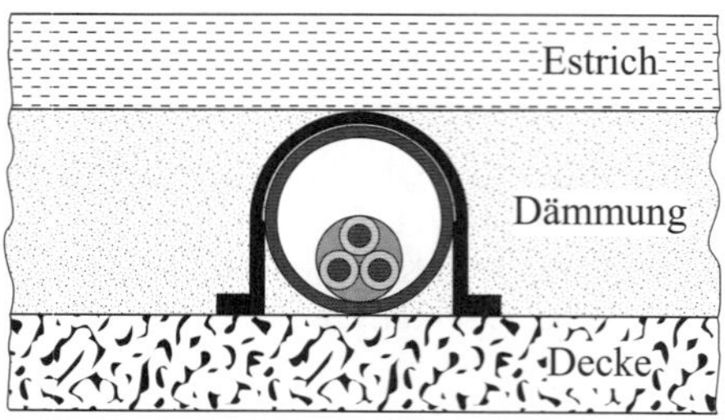

Bild 4.30 Verlegung von Kabeln/Leitungen im Rohr unterhalb des Fertigfußbodens (Referenz-Nr. 53)

Bei der Berechnung der Überstromschutzeinrichtung ist die Referenz-Nr. (auch Kennziffer der Verlegeart genannt) entsprechend VDE 0100-520 Beiblatt 2 zu berücksichtigen.

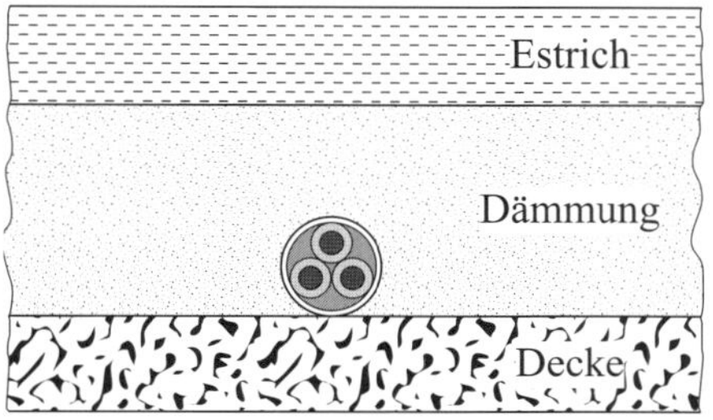

Bild 4.31 Verlegung von Kabeln/Mantelleitungen unterhalb des Fertigfußbodens (Referenz-Nr. 52)

Die Verlegeform entsprechend Bild 4.29 wird in der Regel auch für den Schutzpotentialausgleichsleiter angewandt, der die Verbindung zwischen der Haupterdungsschiene und dem örtlichen Schutzpotentialausgleich gemäß VDE 0100-540, Bild B54.1 herstellt.

Elektrische Fußbodenheizung

Der Bereich, in dem eine elektrische Fußbodenheizung installiert werden kann, gehört eigentlich nicht zum Raum des Badezimmers, da das Badezimmer oberhalb des Fertigfußbodens beginnt. Doch den besonderen Gefahren, die durch Montagearbeiten am Fußboden entstehen können, muss durch besondere Schutzmaßnahmen begegnet werden.

Bei den zusätzlichen Schutzmaßnahmen werden zwei unterschiedliche Heizelemente betrachtet. Dies sind:

- Heizleitungen,
- Flächenheizelemente.

Grundsätzlich dürfen nur Heizleitungen (VDE 0253) bzw. Flächenheizelemente (VDE 0700-96) verwendet werden, die der relevanten Betriebsmittelnorm entsprechen.

Heizleitungen

Heizleitungen müssen eine metallene Ummantelung oder metallene Umhüllung haben, die mit dem Schutzleiter des versorgenden Stromkreises verbunden werden müssen.

Heizelemente

Heizelemente müssen mit einem feinmaschigen Metallgitter im Estrich abgedeckt werden und mit dem Schutzleiter des versorgenden Stromkreises verbunden sein. VDE 0700-96 nennt eine Maschenweite von 50 mm × 50 mm mit einem Drahtdurchmesser von 1 mm. Doch bei solch einer Maschenweite ist ein Schutz beim Bohren in den Fußboden nicht gegeben. Gegebenenfalls sollte eine engere Maschenweite verwendet werden, die jedoch die Wärmeabgabe des Heizelements behindern kann. Die mögliche kleinste Maschenweite sollte deshalb mit dem Hersteller der Heizelemente angestimmt werden.

SELV-Stromkreise

Bei der Vorsorgung von Heizleitungen oder Heizelementen von einer SELV-Stromquelle brauchen die metallenen Ummantelungen, metallenen Umhüllungen oder feinmaschigen Metallgitter nicht mit dem Schutzleiter verbunden werden. SELV-Stromquellen dürfen nicht mit dem Schutzleitersystem verbunden werden.

Anschlüsse

Die Anschlüsse von Heizleitungen oder Flächenheizelementen an die Stromquelle brauchen entsprechend VDE 0100-520 nicht zur Besichtigung, Prüfung und Wartung zugänglich sein.

RCD

Grundsätzlich muss jede Fußbodenheizung zusätzlich mit einer 30-mA-Fehlerstrom-Schutzeinrichtung (RCD) geschützt werden.

5 Allgemeine Anforderungen

5.1 Transformatoren in Abhängigkeit ihrer Verwendung

Es gibt eine Vielzahl von Transformatoren, deren Aufbau und Funktionen durch diverse Normen festgelegt sind. Welche Transformatoren für welche Anwendung verwendet werden dürfen, sind in Normen für elektrische Betriebsmittel oder in Errichtungsnormen festgelegt.

Die Unterscheidung der Transformatoren kann mittels der Begriffserklärungen der betreffenden Produktnormen dargestellt werden.

Netztransformator

> VDE 0570-1, Abschnitt 3.1.4
> *Transformator mit einer oder mehreren Eingangswicklung(en), die von der (den) Ausgangswicklung(en) mind. durch Basisisolierung getrennt ist (sind).*

Steuertransformator

> VDE 0570-2-2, Abschnitt 3.1.101
> *Netztransformator, der für die Versorgung von Steuerstromkreisen vorgesehen ist (z. B. Steuerung, Meldung, Verriegelung usw.).*

Trenntransformator

> VDE 0570-1, Abschnitt 3.1.2
> *Transformator mit Schutztrennung zwischen Eingangs- und Ausgangswicklung(en).*

Sicherheitstransformator

> VDE 0570-1, Abschnitt 3.1.3
> *Trenntransformator zur Versorgung von PELV- und SELV-Stromkreisen.*

Nicht-kurzschlussfester Transformator

VDE 0570-1, Abschnitt 3.1.10

Transformator, bei dem vorgesehen ist, dass er gegen übermäßige Temperatur durch eine Schutzeinrichtung geschützt wird, die nicht mit dem Transformator geliefert wird, aber auf ihm angegeben ist, und der nach dem Entfernen der Überlast oder des Kurzschlusses sowie ggf. nach dem Rückstellen oder Austausch der Schutzeinrichtung weiterhin alle Anforderungen dieser Norm erfüllt.

Kurzschlussfester Transformator

VDE 0570-1, Abschnitt 3.1.9

Transformator, bei dem die Temperatur die festgelegten Grenzwerte nicht überschreitet, wenn der Transformator überlastet oder kurzgeschlossen ist, und der nach dem Entfernen der Überlast oder des Kurzschlusses weiterhin alle Anforderungen dieser Norm erfüllt.

Fail-Safe-Transformator

VDE 0570-1, Abschnitt 3.1.11

Transformator, der mit einer Schutzeinrichtung ausgerüstet ist, die mit der Unterbrechung des Eingangsstromkreises dauerhaft ausfällt, wenn der Transformator überlastet oder kurzgeschlossen ist, aber für den Anwender oder die Umgebung keine Gefahr darstellt. Er erfüllt nach dem Entfernen der Überlast oder des Kurzschlusses weiterhin alle Anforderungen dieser Norm.

Für PELV- und SELV-Stromkreise gibt es keine speziellen Anforderungen über die Kurzschlussfestigkeit des Transformators. Wichtig ist, dass es sich um einen Sicherheitstransformator handelt. Nicht kurzschlussfeste Sicherheitstransformatoren benötigen zusätzlich eine Überstromschutzeinrichtung, die entweder auf der Primärseite oder auf der Sekundärseite des Transformators vorgesehen werden muss. Die Auslösecharakteristik der Überstromschutzeinrichtung muss eine Überlastung des Transformators verhindern. Da beim Einschalten eines unbelasteten Transformators ein „Rushstrom“ auftreten kann, muss dieser Einschaltstrom bei der Auswahl der Überstromschutzeinrichtungen berücksichtigt werden.

	nicht kurzschlussfest	bedingt oder unbedingt kurzschlussfest	fail-safe
Netztransformator		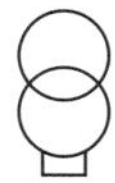	
Steuertransformator	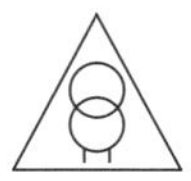	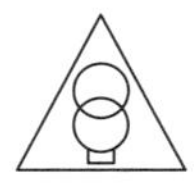	
Trenntransformator	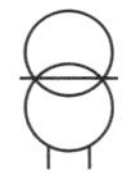	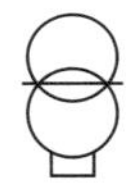	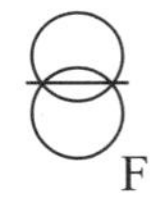
Sicherheitstransformator			

Tabelle 5.1 Übersicht von Transformatorenarten in Abhängigkeit ihrer Schutzeinrichtung (Normenreihe VDE 0570)

5.2 Kleinspannungen (ELV)

Eine ELV-Spannung ist eine Spannung, deren Höhe so niedrig ist, dass sie unter bestimmten Bedingungen keine Gefahr für Mensch, Nutztiere und Umwelt darstellen. Die max. Werte sind im Spannungsbereich I in der IEC 60449 festgelegt. Dabei wird bei der Höhe der Spannung zwischen Wechselstrom (AC) und Gleichstrom (DC) unterschieden, da die Wirkung des Stroms auf Menschen in Abhängigkeit der Stromart eine unterschiedliche Wirkung hat.

Spannungsbereiche

Spannungsbereiche unterteilen die Höhe der Versorgungsspannung in Abhängigkeit ihrer Verwendung in zwei Bereiche, siehe **Tabelle 5.2**. Dabei enthält Spannungsbereich I die Spannungsgrenzen für ELV und der Spannungsbereich II die Spannungen oberhalb vom Spannungsbereich I für „normale“ Stromversorgungen.

Spannungsbereich I	**Spannungsbereich II**
Spannung bei Anlagen, bei denen der Schutz gegen elektrischen Schlag durch die Höhe der Spannung unter bestimmten Bedingungen erreicht wird. Anwendungen sind z. B. Telekommunikationsanlagen, Signalanlagen, Klingelanlagen, Steuerungs- und Alarm-/Meldestromkreise	Spannungen bei Anlagen zur Versorgung von Haushalten und bei kommerziellen und industriellen Anlagen. Spannungsbereich II deckt auch die Spannungen von Verteilersystemen ab.

Tabelle 5.2 Spannungsbereiche

Spannungsbereich I legt die unter normalen Umständen ungefährlichen Spannungsgrenzen fest. Spannungsbereich II legt die Spannung der allgemeinen Stromversorgung einschließlich Verteilerstromkreise der öffentlichen Energieversorger fest, siehe **Tabelle 5.3**

Stromart	**Spannungsbereich**	**Nennspannung in V**	
		Außenleiter gegen Erde	**Außenleiter – Außenleiter**
AC	I	> 0 bis 50	> 0 bis 50
	II	> 50 bis 600	> 50 bis 600
DC	I	> 0 bis 120	> 0 bis 120
	II	> 120 bis 900	> 120 bis 1500

Tabelle 5.3 Maximale Spannungen der Spannungsbereiche

Kleinspannung ELV (Extra-Low Voltage)
IEV 826-12-30

Spannung, die die in der IEC 60449 für den Spannungsbereich I festgelegten Spannungsgrenzwerte nicht überschreitet.

Anmerkung: ELV ist die Abkürzung für eine besonders niedrige Spannung.

PELV-System (Protective Extra-Low Voltage)
IEV 826-12-32

Elektrisches System, in dem die Spannung die Grenzwerte für Kleinspannung (ELV) nicht überschreitet:

- *unter üblichen Bedingungen und*
- *unter Einzelfehlerbedingungen, ausgenommen bei Erdschlüssen in anderen elektrischen Stromkreisen.*

Anmerkung: PELV ist die Abkürzung für Funktionskleinspannung mit sicherer Trennung.

Detaillierte Angaben siehe Kapitel 5.3.

SELV-System (Safety Extra-Low Voltage)
IEV 826-12-31

Elektrisches System, in dem die Spannung die Grenzwerte für Kleinspannung (ELV) nicht überschreitet:

- *unter üblichen Bedingungen und*
- *unter Einzelfehlerbedingungen, auch bei Erdschlüssen in anderen Stromkreisen.*

Anmerkung: SELV ist die Abkürzung für Sicherheitskleinspannung in einem nicht geerdeten System.

Detaillierte Angaben siehe Kapitel 5.4.

FELV-System (Functional Extra-Low Voltage)

Ein FELV-System enthält keine Schutzkleinspannung und ist deshalb als Schutzmaßnahme für Installationen in Badezimmern nicht relevant.

FELV wird meistens bei Maschinen verwendet, bei denen eine Steuerspannung ≤ AC 50 V bzw. DC 120 V beträgt. Die niedrige Spannung wird in der Regel als Stromversorgung und Signalspannung für Sensoren (z. B. Taster) oder Aktoren (z. B. Magnetventile) verwendet, die aufgrund ihrer Baugröße nicht mit einer höheren Spannung betrieben werden können.

Anforderungen zu PELV, SELV und FELV in der Normenreihe VDE 0100

Wann welche Kleinspannung und zu welchem Zweck verwendet werden soll, wird sowohl in den Hauptteilen der Normenreihe VDE 0100 als auch in den 700er-Teilen festgelegt, siehe **Tabelle 5.4**

Abschnitt in der VDE 0100	**nur PELV**	**wahlweise PELV oder SELV**	**nur SELV**	**FELV**
410.3.3		×		
411.7.1		×		×
411.7.3				×
411.7.4				×
411.7.5				×
414.1.1		×	×	
414.1.2		×		
414.2		×		×
414.3		×		
414.4.1		×	×	×
414.4.2		×		
414.4.3		×	×	
414.4.4			×	
414.4.5		×	×	
528.1.1		×		
551.3.1		×		×
557.3.3		×		×
557.6.3.2	×			
559.9			×	
61.3.1		×		
61.3.3		×		×
61.3.4	×		×	
61.3.4.1			×	
61.3.4.2	×			

Tabelle 5.4 Anforderungen zu PELV, SELV oder FELV innerhalb der VDE 0100

Abschnitt in der VDE 0100	**nur PELV**	**wahlweise PELV oder SELV**	**nur SELV**	**FELV**
C.61.3.4.3		×		
701.414		×		
701.415.1		×		
701.512.3		×		
701.512.4		×		
701.55		×	×	
701.753			×	
702.411.1		×		
702.471.4.1			×	
702.471.4.2			×	
702.471.4.3			×	
702.53			×	
702.55.1			×	
702.55.4			×	
702 Tabelle A.1			×	
703.411.1		×		
703.522.24				
704.410.3.10		×		
704.414.4		×		
705.414.4		×		
706.410.3.10	×		×	
706.414.3.6		×		
706.414.4.6		×		
710.411.1		×		×

Tabelle 5.4 (Fortsetzung) Anforderungen zu PELV, SELV oder FELV innerhalb der VDE 0100

Abschnitt in der VDE 0100	nur PELV	wahlweise PELV oder SELV	nur SELV	FELV
711.42.02		×		
712.411.1		×		
715.411			×	
715.43			×	
715.55			×	
717.415.1		×		
717.55.3		×		
721.414		×		
723.1.11		×		
740.412.5		×		

Tabelle 5.4 (Fortsetzung) Anforderungen zu PELV, SELV oder FELV innerhalb der VDE 0100

5.3 Bedingungen für PELV-Stromkreise

PELV-System (Protective Extra-Low Voltage)
IEV 826-12-32

Elektrisches System, in dem die Spannung die Grenzwerte für Kleinspannung (ELV) nicht überschreitet:

- *unter üblichen Bedingungen und*
- *unter Einzelfehlerbedingungen, ausgenommen bei Erdschlüssen in anderen elektrischen Stromkreisen*

Anmerkung: PELV ist die Abkürzung für Funktionskleinspannung mit sicherer Trennung.

PELV-Stromkreise dürfen geerdet betrieben werden, siehe **Bild 5.1**. Die Entscheidung, wann ein PELV-Stromkreis geerdet oder ungeerdet errichtet werden soll, ist abhängig von der vorgesehenen Funktion oder dem Schutzziel und ggf. von anwenderspezifischen Normen.

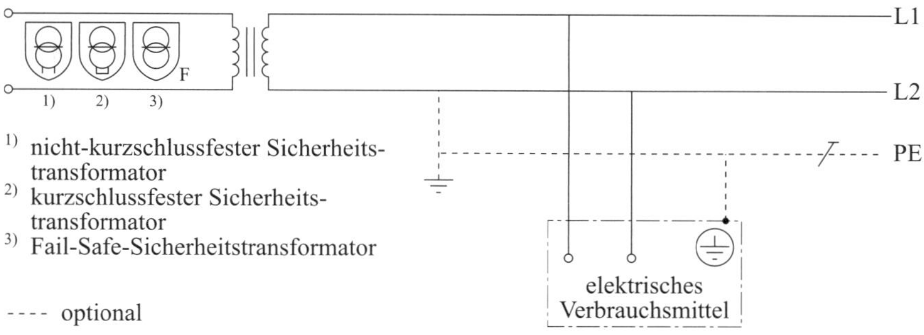

Bild 5.1 Struktur eines PELV-Stromkreises

Für PELV-Stromkreise ist grundsätzlich die Verwendung eines Sicherheitstransformators erforderlich. Es gibt keine Anforderungen über den Typ. Ob nicht-kurzschlussfest, kurzschlussfest oder „fail-safe“, alle drei Varianten sind zugelassen.

Die Anforderungen an PELV-Stromkreise sind in nachfolgender **Tabelle 5.5** aufgeführt.

Thema	Bedingungen	Maßnahmen
zulässige Spannungen	≤ AC 50 V bzw. ≤ DC 120 V	im Bereich 2 zugelassen IPX4 erforderlich Stromquelle (Sicherheitstransformator) außerhalb Bereiche 0 und 1
	≤ AC 25 V bzw. ≤ DC 60 V	im Bereich 1 zugelassen IPX4 erforderlich Stromquelle (Sicherheitstransformator) außerhalb Bereiche 0 und 1
	≤ AC 12 V bzw. ≤ DC 30 V	im Bereich 0 nicht zugelassen (nur SELV erlaubt)
Transformator	der Transformator muss ein Sicherheitstransformator entsprechend VDE 0570-2-6 sein	das Symbol eines Sicherheitstransformators muss auf dem Typenschild angebracht sein, siehe Tabelle 5.1
	Kurzschlussfestigkeit	frei in der Auswahl des Sicherheitstransformators in Bezug auf Kurzschlussfestigkeit, siehe Tabelle 5.1

Tabelle 5.5 Anforderungen an PELV-Stromkreise

Leitungsverlegung	besondere Anforderungen bei der gemeinsamen Verlegung z. B. in einem Kabelkanal oder Installationsrohr mit Leitungen, die nicht PELV sind	sichere Trennung durch doppelte oder verstärkte Isolierung der Leitungen für die höchste vorkommende Spannung
Schutzleiteranschluss	Sekundärseite eines PELV-Stromkreises darf mit Erde verbunden werden	Verbindung eines aktiven Leiters des PELV-Stromkreises mit Erde
	Körper dürfen mit Erde verbunden werden	Verbindung des Körpers von PELV-Betriebsmitteln der Schutzklasse I mit dem geerdeten aktiven Leiter des PELV-Stromkreises
	Verbindung mit Schutzleitern anderer PELV-Stromkreise	Körper von PELV-Stromkreisen dürfen nicht mit dem Schutzleiter eines anderen PELV-Stromkreises verbunden werden (jeder PELV-Stromkreis muss selbst mit Erde verbunden werden, einschließlich der dazugehörigen Körper der Betriebsmittel, siehe Bild 5.2)
Stecker/Steckdosen	Steckverbindungen dürfen einen Schutzleiterkontakt haben	Stecker/Steckdosen von geerdeten PELV-Stromkreisen mit Schutzleiterkontakt verwenden
	Stecker/Steckdosen dürfen nicht in Steckdosen/Stecker anderer Spannungssysteme eingeführt werden können (dies gilt auch für PELV-Stromkreise unterschiedlicher Spannungen)	codierte oder unterschiedliche Bauformen von Steckverbindungen verwenden

Tabelle 5.5 (Fortsetzung) Anforderungen an PELV-Stromkreise

Werden mehrere unabhängige PELV-Stromkreise in einer Installation verwendet, muss beim Anschluss des Schutzleiters an einem Betriebsmittel immer der geerdete Schutzleiter der versorgenden PELV-Quelle verwendet werden, siehe **Bild 5.2**.

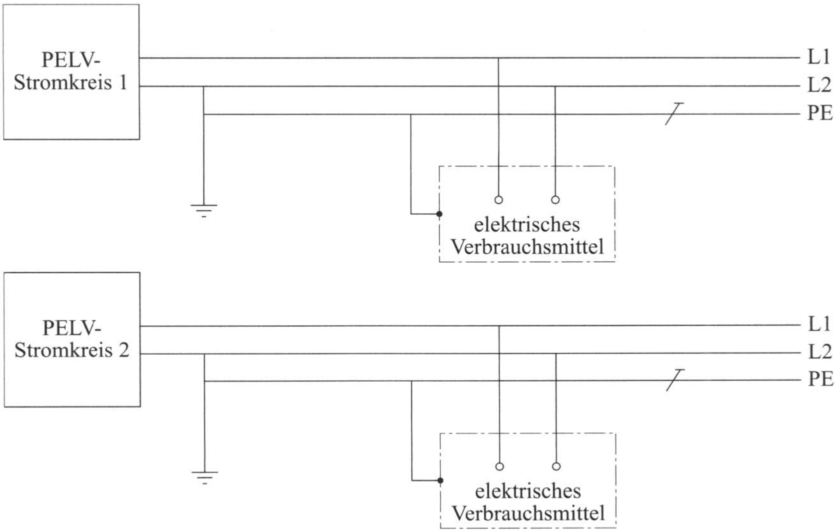

Bild 5.2 Unabhängige Erdung von Verbrauchsmitteln unterschiedlicher PELV-Stromkreise

5.4 Bedingungen für SELV-Stromkreise

SELV-System (Safety Extra-Low Voltage)
IEV 826-12-31

Elektrisches System, in dem die Spannung die Grenzwerte für Kleinspannung (ELV) nicht überschreitet:

- *unter üblichen Bedingungen und*
- *unter Einzelfehlerbedingungen, auch bei Erdschlüssen in anderen Stromkreisen.*

Anmerkung: SELV ist die Abkürzung für Sicherheitskleinspannung in einem nicht geerdeten System.

SELV-Stromkreise dürfen nur ungeerdet betrieben werden, siehe **Bild 5.3**.

Bei SELV-Stromkreisen ist die Verwendung eines Sicherheitstransformators grundsätzlich erforderlich. Es gibt keine Anforderungen über den Typ. Ob nicht-kurzschlussfest, kurzschlussfest oder „fail-safe", alle drei Varianten sind zugelassen.

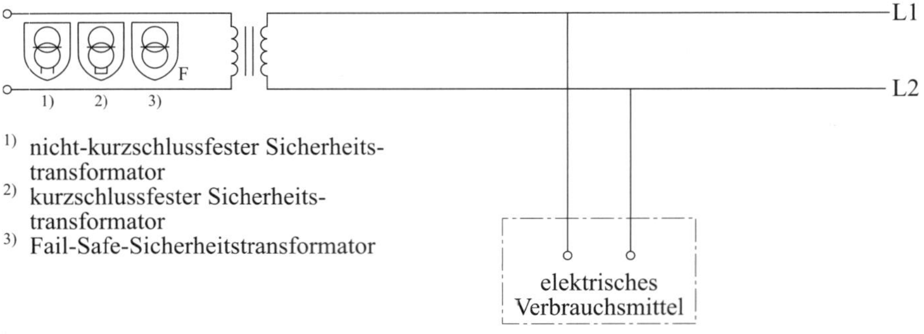

Bild 5.3 Struktur eines SELV-Stromkreises

Die Anforderungen an SELV-Stromkreise sind in nachfolgender **Tabelle 5.6** aufgeführt.

Thema	Bedingungen	Maßnahmen
zulässige Spannungen	≤ AC 50 V bzw. ≤ DC 120 V	im Bereich 2 zugelassen IPX4 erforderlich Stromquelle (Sicherheits-transformator) außerhalb Bereiche 0 und 1
	≤ AC 25 V bzw. ≤ DC 60 V	im Bereich 1 zugelassen IPX4 erforderlich Stromquelle (Sicherheits-transformator) außerhalb Bereiche 0 und 1
	≤ AC 12 V bzw. ≤ DC 30 V	im Bereich 0 zugelassen IPX7 erforderlich Stromquelle (Sicherheits-transformator) außerhalb Bereiche 0 und 1
Transformator	der Transformator muss ein Sicherheitstransformator entsprechend VDE 0570-2-6 sein.	Das Symbol eines Sicherheits-transformators muss auf dem Typenschild angebracht sein, siehe Tabelle 5.1
	Kurzschlussfestigkeit	frei in der Auswahl des Sicherheitstransformators in Bezug auf Kurzschlussfestigkeit, siehe Tabelle 5.1

Tabelle 5.6 Anforderungen an SELV-Stromkreise

Leitungsverlegung	besondere Anforderungen bei der gemeinsamen Verlegung z. B. in einem Kabelkanal oder Installationsrohr mit Leitungen, die nicht SELV sind	sichere Trennung durch doppelte oder verstärkte Isolierung der Leitungen für die höchste vorkommende Spannung
Schutzleiteranschluss	Körper dürfen nicht mit Erde verbunden werden	können Körper von SELV-Stromkreisen mit Körpern anderer Stromkreise entweder zufällig oder absichtlich in Berührung kommen, ist der Schutz gegen elektrischen Schlag durch SELV zusätzlich von der Schutzmaßnahme des anderen Stromkreises abhängig. Solche Berührungen sollten deshalb durch Maßnahmen vermieden werden
Stecker/Steckdosen	Steckverbindungen dürfen keinen Schutzleiterkontakt haben	Steckverbindungen ohne Schutzleiterkontakt verwenden
	Stecker/Steckdosen dürfen nicht in Steckdosen/Stecker anderer Spannungssysteme eingeführt werden können (dies gilt auch für SELV-Stromkreise unterschiedlicher Spannungen)	codierte oder unterschiedliche Bauformen von Steckverbindungen verwenden

Tabelle 5.6 (Fortsetzung) Anforderungen an SELV-Stromkreise

5.5 Schutztrennung

Schutztrennung
VDE 0140, 3.25

Schutzmaßnahme, bei der ein Stromkreis, der gefährlich aktiv ist, gegenüber allen anderen Stromkreisen und Teilen gegen Erde und gegen Berührung isoliert ist.

Die Schutztrennung ist eine Schutzmaßnahme, bei der

- der Basisschutz durch einfache Trennung aller aktiven Teile oder durch Abdeckungen oder Umhüllungen erreicht wird und

- der Fehlerschutz durch einfache Trennung des Stromkreises mit Schutztrennung von anderen Stromkreisen und Erde erfolgt.

Der Schutz durch Schutztrennung besteht aus einer Stromquelle mit Einrichtungen für den Fehlerschutz, die nur ein elektrisches Verbrauchsmittel mit einem Basisschutz versorgt, siehe **Bild 5.4**. Die Basisisolierung des elektrischen Verbrauchsmittels und die Installation zu anderen Stromkreisen benötigt nur eine einfache Trennung.

Spartransformatoren und ähnliche Einrichtungen dürfen nicht als Schutz durch Schutztrennung verwendet werden.

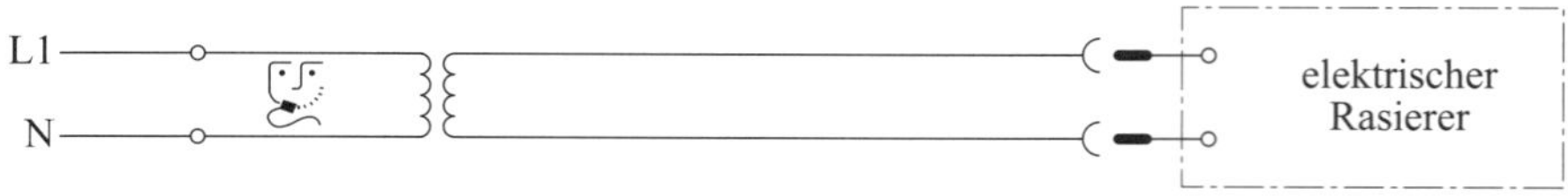

Bild 5.4 Struktur eines Stromkreises mit Schutztrennung

Im Badezimmer dürfen elektrische Betriebsmittel entweder fest angeschlossen oder mittels einer Steckdose verwendet werden. Die Schutzmaßnahme ist im Badezimmer heute nicht mehr gebräuchlich und ist eigentlich nur noch eine Erlaubnis zur Installation einer Rasiersteckdose oder eines fest montierten Haartrockners mit Luftschlauch im Bereich 2. Der Fehlerschutz muss durch eine eigene Überstromschutzeinrichtung hergestellt werden, braucht aber keinen zusätzlichen Schutz mittels einer Fehlerstrom-Schutzeinrichtung (RCD), und die Spannung ist nicht begrenzt. Die Verwendung dieser Schutzmaßnahme ist im privaten Bereich nicht gebräuchlich, da eine „normale“ Steckdose außerhalb der Bereiche 0, 1 und 2 zulässig ist und außerdem noch zusätzlich mit einer 30-mA-Fehlerstrom-Schutzeinrichtung (RCD) geschützt ist.

Die Anwendung der Schutzmaßnahme Schutztrennung ist für elektrische Fußbodenheizungen im Badezimmer nicht erlaubt.

5.6 Besondere Isolation

Die grundsätzlichen Anforderungen für solche besonderen Isolierungen enthält VDE 0140-1.

Verstärkte Isolierung

VDE 0140-1, Abschnitt 5.3.1

Verstärkte Isolierung muss so bemessen sein, dass sie den elektrischen, thermischen und mechanischen Umgebungsbeanspruchungen standhalten kann, mit derselben Zuverlässigkeit des Schutzes, wie sie durch doppelte Isolierung gegeben ist.

Doppelte oder verstärkte Isolierung

VDE 0140-1, Abschnitt 6.2
Schutzmaßnahme, bei der

- *der Basisschutz durch Basisisolierung von gefährlichen Teilen und*
- *der Fehlerschutz durch zusätzliche Isolierung erreicht wird oder*
- *der Basis- und Fehlerschutz durch verstärkte Isolierung zwischen gefährlichen aktiven Teilen und berührbaren Teilen erreicht wird.*

Durch die Verwendung einer besonderen Isolation bei elektrischen Betriebsmitteln ist der Schutz gegen den elektrischen Schlag durch Abschaltung beim ersten Fehler (Ausfall des Basisschutzes) nicht notwendig. Deshalb benötigen elektrische Betriebsmittel der Schutzklasse II auch keinen Schutzleiteranschluss.

Betriebsmittel der Schutzklasse II müssen entweder eine doppelte Isolation oder eine verstärkte Isolation haben. Wichtig ist dabei, dass bei Belastung oder Beschädigung der Isolation keine gefährlichen Körperströme zum Fließen kommen können. Die mechanische Widerstandskraft und die Isolationsfähigkeit sind also hierbei besonders wichtig.

Ein Haartrockner (Föhn), siehe **Bild 5.5**, auch wenn er ein metallenes Gehäuse hat, kann die Anforderungen der Schutzklasse II erfüllen, wenn zwischen den internen elektrotechnischen Komponenten und dem metallenen Gehäuse eine doppelte oder verstärkte Isolierung vorgesehen ist. Der Stecker verfügt deshalb auch nicht über einen Schutzleiteranschluss.

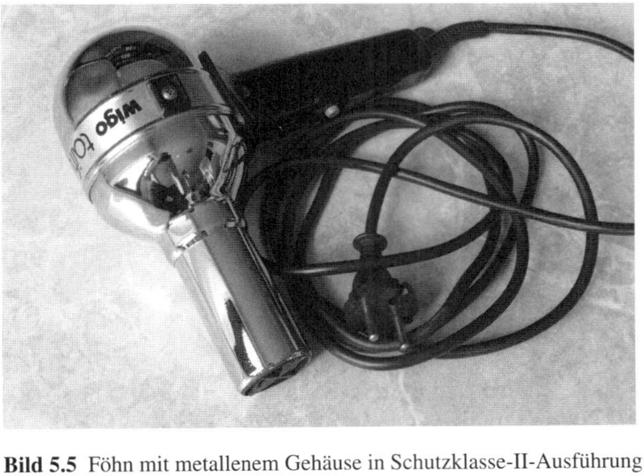

Bild 5.5 Föhn mit metallenem Gehäuse in Schutzklasse-II-Ausführung

5.7 Schutzklassen

Anforderungen an Schutzklassen, siehe **Tabelle 5.7**, sind in der Norm VDE 0140-1 festgelegt. In dieser Norm werden zukünftig nur noch die Schutzklassen I bis III betrachtet.

Da die notwendige wiederkehrende Prüfung der Schutzmaßnahme Schutztrennung bei Verwendung von Betriebsmitteln der Schutzklasse 0 im Anwendungsbereich für Laien nur schwer eingehalten werden kann, wird die Schutzklasse 0 zukünftig nicht mehr zulässig sein. Schutzklasse-0-Betriebsmittel verfügen weder über einen Schutzleiteranschluss noch haben sie eine doppelte oder verstärkte Isolierung.

Schutzklassen	Symbol	Kennzeichnung	Bedingung für die Verwendung
Schutzklasse I		leitender Körper (Gehäuse) hat eine Anschlussklemme für einen Schutzleiter	Schutzleiter muss angeschlossen werden
Schutzklasse II	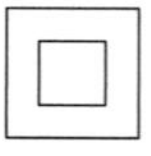	Körper mit doppelter oder verstärkter Isolierung	Anschluss eines Schutzleiters nicht erlaubt
Schutzklasse III		Stromversorgung ist auf eine ELV-Spannung begrenzt	Anschluss eines Schutzleiters nicht erlaubt Stromversorgung nur mittels SELV- oder PELV-Stromquelle

Tabelle 5.7 Schutzklassen und deren Verwendung

Schutzklasse I

Bei Betriebsmitteln der Schutzklasse I muss der Körper des Betriebsmittels für den Fehlerschutz mit dem Schutzleiter verbunden werden. Steckbare elektrische Betriebsmittel der Schutzklasse I im Haushalt sind z. B. Leuchten, Computer, Drucker, Toaster, Wassererhitzer, Bügeleisen, Kaffeemaschinen und Hochdruckreiniger. Bei solchen elektrischen Betriebsmitteln hat der Stecker der Anschlussleitung einen Schutzleiterkontakt, siehe **Bild 5.6**.

Schutzklasse II

Betriebsmittel der Schutzklasse II haben keinen Schutzleiteranschluss. Die meisten steckbaren elektrischen Betriebsmittel im Badezimmer, wie Rasierapparat, elektrische Zahnbürste oder Haartrockner (Föhn), haben eine doppelte oder

Bild 5.6 Stecker mit Schutzleiterkontakt (Schukostecker)

verstärkte Isolierung und erfüllen die Anforderungen der Schutzklasse II. Dies ist z. B. daran zu erkennen, dass der Stecker keinen Schutzleiterkontakt hat, siehe **Bild 5.7**. Ein Föhn, siehe Bild 5.5, auch wenn er ein metallenes Gehäuse hat, kann die Anforderungen der Schutzklasse II erfüllen, wenn er eine doppelte oder verstärkte Isolierung hat.

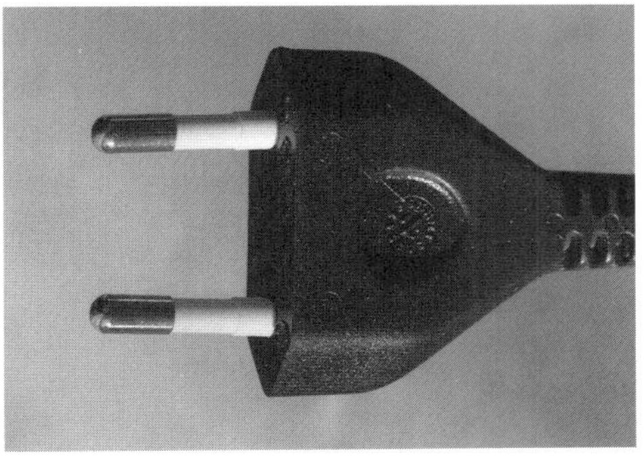

Bild 5.7 Stecker ohne Schutzleiterkontakt (Eurostecker)

Schutzklasse III

Schutzklasse-III-Betriebsmittel haben keinen Schutzleiteranschluss und dürfen grundsätzlich nur von einer SELV- oder PELV-Stromquelle versorgt werden. Die Verwendung eines Steckers muss in seiner Form von einem Schukostecker bzw. Eurostecker abweichen.

5.8 Schutzart (IP-Code)

Wenn für den Basisschutz von elektrischen Verbrauchsmitteln ein Gehäuse verwendet wird, muss das Gehäuse in Abhängigkeit der Umwelt des vorgesehenen Verwendungsorts bestimmte Auflagen erfüllen. Die Art und Weise wie ein Gehäuse den Schutz sicherstellen muss, ist in der VDE 0470 mithilfe des IP-Codes festgelegt, siehe **Tabelle 5.8**.

Struktur des IP-Code

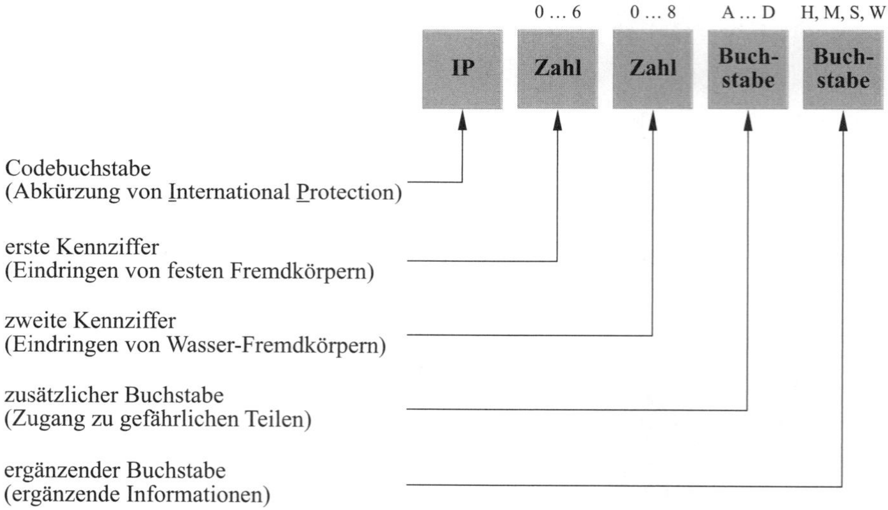

	IP-Code	Bedeutung für den Schutz des Betriebsmittels:	Bedeutung für den Schutz von Personen:
		gegen Eindringen von festen Fremdkörpern	**gegen Zugang zu gefährlichen Teilen mit:**
erste Kennziffer	0	nicht geschützt	nicht geschützt
	1	≥ 50 mm Durchmesser	Handrücken
	2	≥ 12,5 mm Durchmesser	Finger
	3	≥ 2,5 mm Durchmesser	Werkzeug
	4	≥ 1,0 mm Durchmesser	Draht

Tabelle 5.8 Der IP-Code (VDE 0470)

	IP-Code	Bedeutung für den Schutz des Betriebsmittels:	Bedeutung für den Schutz von Personen:
		gegen Eindringen von festen Fremdkörpern	**gegen Zugang zu gefährlichen Teilen mit:**
	5	staubgeschützt	Draht
	6	staubdicht	Draht
zweite Kennziffer		**gegen das Eindringen von Wasser mit schädlicher Wirkung**	
	0	nicht geschützt	–
	1	senkrechtes Tropfen	–
	2	Tropfen (15°-Neigung)	–
	3	Sprühwasser	–
	4	Spritzwasser	–
	5	Strahlwasser	–
	6	starkes Strahlwasser	–
	7	zeitweiliges Untertauchen	–
	8	dauerndes Untertauchen	–
zusätzlicher Buchstabe			**gegen Zugang zu gefährlichen Teilen mit:**
	A	–	Handrücken
	B	–	Finger
	C	–	Werkzeug
	D	–	Draht
ergänzender Buchstabe	H	Hochspannungsgeräte	–
	M	Bewegung während Wasserprüfung	–
	S	Stillstand während Wasserprüfung	–
	W	Wetterbedingungen	–

Tabelle 5.8 (Fortsetzung) Der IP-Code (VDE 0470)

Generelle Anforderungen zur Schutzart sind in VDE 0100-510 festgelegt. Der Anhang A (informativ) dieser Norm *Äußere Einflüsse* Tabelle ZA.1 enthält Hinweise, wie die erforderliche Schutzart von elektrischen Betriebsmitteln in Abhängigkeit ihrer vorgesehenen Umwelt in Bezug zum Auftreten von Wasser und von festen Fremdkörpern ermittelt werden kann.

5.9 Spezielle Symbole

Symbol	**Bedeutung**	**relevante Norm**
	Rasiersteckdosentransformator	VDE 0570-2-5
	geeignet für direkte Montage auf normal entflammbaren Oberflächen	VDE 0711
	geeignet für den Einbau in Möbeln (Montage auf Holz) im anormalen Betrieb dürfen 130 °C nicht überschritten werden	VDE 0710-14
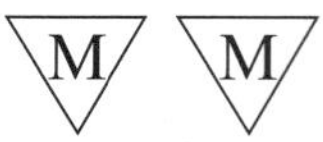	geeignet für den Einbau in Möbeln (Montage auf Holz) im Fehlerfall dürfen 115 °C nicht überschritten werden	VDE 0710-14
	von einer Leuchte unabhängiger Transformator oder Konverter	DIN EN 60417-2 Bild 5138
	Konverter mit einer Temperaturbegrenzung auf 110 °C	VDE 0100-715
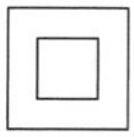	Schutzklasse-II-Betriebsmittel	VDE 0711-1
	Schutzklasse-III-Betriebsmittel	VDE 0711-1

Tabelle 5.9 Beispiel von Symbolen auf elektrischen Betriebsmitteln

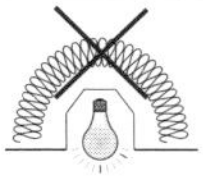	nicht zur Abdeckung mit Wärmedämmmaterial geeignete Leuchten	VDE 0711-1
	Verwendung von „Cool-Beam“-Lampen nicht zugelassen	VDE 0711-1

Tabelle 5.9 (Fortsetzung) Beispiel von Symbolen auf elektrischen Betriebsmitteln

5.10 Abkürzungen

AAL	umgebungsunterstütztes Leben (Ambient Assisted Living)
AC	Wechselstrom (alternating current)
BMAS	Bundesministerium für Arbeit und Soziales
DC	Gleichstrom (direct current)
DIN	Deutsches Institut für Normung
E-Check	Überprüfung einer Elektroinstallation durch das Elektrohandwerk
ELV	Kleinspannung (extra low voltage)
EMV	elektromagnetische Verträglichkeit
EN	Europäische Norm
FELV	Funktionskleinspannung ohne sichere Trennung (functional extra low voltage)
HD	Harmonisierungsdokument
IEC	Internationale Elektrotechnische Kommission
IP	Schutzart (international protection)
ISO	Internationale Organisation für Normung
KNX	offener Standard für die Haus- und Gebäudesystemtechnik
LAN	lokales Netzwerk für die Datenkommunikation (local area network)
PELV	Funktionskleinspannung mit sicherer Trennung (protective extra low voltage)
RCD	Fehlerstrom-Schutzeinrichtung (residual current device)
SELV	Sicherheitskleinspannung in einem nicht geerdetem System (safety extra low voltage)
VA	korrosions- und säurebeständige Stahlsorten
VDE	Verband der Elektrotechnik, Elektronik, Informationstechnik

6 Checkliste

	Bereich 0	Bereich 1	Bereich 2
Stromversorgung mit Nennspannungen TN-S-System 230/400 V, 50 Hz	nicht zugelassen	nicht zugelassen Ausnahmen mit RCD (30 mA): • Handtucherwärmer, • Whirlpool, • Duschpumpen, • Lüftung ohne RCD: • Wassererwärmer	nicht zugelassen
Stromversorgung mit Kleinspannungen	SELV AC 12 V oder DC 30 V	SELV oder PELV AC 25 V oder DC 60 V	SELV oder PELV AC 50 V oder DC 120 V
Installationsgeräte/ Schaltgeräte	nicht zugelassen	nur für elektrische Verbrauchsmittel des Bereichs • Installationsdosen	nur für elektrische Verbrauchsmittel des Bereichs • Installationsdosen, • Schalter, Taster, • Steckdosen mit SELV oder PELV, • Rasiersteckdose, • Geräte und Steckdosen für Signal- und Kommunikations-einrichtungen
elektrische Verbrauchsmittel	Schutzart IPX7	Schutzart IPX4	Schutzart IPX4
	• ortsfest, • fest angeschlossen	• ortsfest, • fest angeschlossen	• ortsfest, • fest angeschlossen
Schutz von Kabel/ Leitungen	• 6 cm tief verlegt oder • 30 mA RCD oder • SELV- oder PELV-Stromkreis oder • geerdete metallene Abdeckung oder • konzentrische Leiter oder • im massiven Metallrohr		
Wandrückseite	bei Verlegung auf der Rückseite von Wänden in angrenzenden Räumen des Badezimmers muss eine Restwandstärke von 6 cm eingehalten werden oder andere Maßnahmen getroffen (siehe Schutz von Kabel/Leitungen)		
unter der Oberfläche des Fertigbodens	diese Zone gehört nicht zum Badezimmer, es gelten die Anforderungen entsprechend VDE 0100-520		
raumfremde Leitungen	RCD-geschützte Stromkreise dürfen durch ein Badezimmer außerhalb der Bereiche 0, 1 und 2 verlegt werden		

Literatur

[1] *Zander, H.*: Bestandsschutz oder Anpassung elektrischer Anlagen? (1). de Der Elektro- und Gebäudetechniker 80 (2005) H. 15–16, S. 54–57. – ISSN 1617-1160

[2] *Zander, H.*: Bestandsschutz oder Anpassung elektrischer Anlagen? (2). de Der Elektro- und Gebäudetechniker 80 (2005) H. 17, S. 56–58. – ISSN 1617-1160

[3] Gerätesicherheitsgesetz/9.GSGV. Interpretationspapier des BMA und der Länder zum Thema „Wesentliche Veränderungen von Maschinen“. Bekanntmachung des BMA vom 7. September 2000 – IIIc 3-39607-3. BArbBl. 51 (2000) H. 11, S. 35. – ISSN 0007-5868

[4] Fehlerstrom-Schutzeinrichtungen – Niederspannungs-Schutzschalttechnik – Technik-Fibel. Firmenschrift. Regensburg: Siemens AG Industry Sector, Electrical Installation Technology, 2009. – Best.-Nr. E10003-E38-9T-B3011

[5] Siemens AG Siemens AG, Infrasturcture & Cities Sector, Low an Medium Voltage Division, Low Voltage, Regensburg: www.siemens.de/beta

[6] *Hörmann, W.*; *Schröder, B.*; *Schulze, B.*: Errichten von Niederspannungsanlagen in Räumen mit Badewanne oder Dusche. VDE-Schriftenreihe 67a. Berlin · Offenbach: VDE VERLAG, 2010. – ISBN 978-3-8007-3134-3, ISSN 0506-6719

[7] Fragen und Antworten zu DIN VDE 0100-701 (VDE 0100-701):2008-10 (Abruf am 20.01.2010). DKE Deutsche Kommission Elektrotechnik Elektronik Informationstechnik im DIN und VDE, Frankfurt am Main: www.dke.de/de/ Service/Installationstechnik/Seiten/Raume%20mit%20Badewanne%20 oder%20Dusche.aspx

[8] *Schulze, B.*: Elektrische Anlagen in Räumen mit Bade- oder Duscheinrichtungen. München · Heidelberg: Hüthig & Pflaum, 2003. – ISBN 3-8101-0162-1

[9] *Müller, R.*: Elektrotechnik Lexikon. Berlin: Huss, 2006. – ISBN 3-341-01466-7

Zitierte Normen

DIN VDE 0100-200 (**VDE 0100-200**):2006-06	Errichtung von Niederspannungsanlagen – Teil 200: Begriffe
DIN VDE 0100-410 (**VDE 0100-410**):2007-06	Errichtung von Niederspannungsanlagen – Teil 4-41: Schutzmaßnahmen – Schutz gegen elektrischen Schlag
DIN VDE 0100-444 (**VDE 0100-444**):2010-10	Errichtung von Niederspannungsanlagen – Teil 4-444: Schutzmaßnahmen – Schutz bei Störspannungen und elektromagnetischen Störgrößen
DIN VDE 0100-510 (**VDE 0100-510**):2011-03	Errichtung von Niederspannungsanlagen – Teil 5-51: Auswahl und Errichtung elektrischer Betriebsmittel – Allgemeine Bestimmungen
DIN VDE 0100-520 (**VDE 0100-520**):2003-06	Errichtung von Niederspannungsanlagen – Teil 5: Auswahl und Errichtung elektrischer Betriebsmittel – Kapitel 52: Kabel- und Leitungsanlagen
DIN VDE 0100-530 (**VDE 0100-530**):2011-06	Errichtung von Niederspannungsanlagen – Teil 530: Auswahl und Errichtung elektrischer Betriebsmittel – Schalt- und Steuergeräte
DIN VDE 0100-540 (**VDE 0100-540**):2012-06	Errichtung von Niederspannungsanlagen – Teil 5-54: Auswahl und Errichtung elektrischer Betriebsmittel – Erdungsanlagen und Schutzleiter
DIN VDE 0100-600 (**VDE 0100-600**):2008-06	Errichtung von Niederspannungsanlagen – Teil 6: Prüfungen
DIN VDE 0100-701 (**VDE 0100-701**):2008-10	Errichtung von Niederspannungsanlagen – Teil 7-701: Anforderungen für Betriebsstätten, Räume und Anlagen besonderer Art – Räume mit Badewanne oder Dusche
DIN VDE 0100-715 (**VDE 0100-715**): (voraussichtlich 2013)	Errichtung von Niederspannungsanlagen – Teil 7-701: Anforderungen für Betriebsstätten, Räume und Anlagen besonderer Art – Kleinspannungsbeleuchtungsanlagen
DIN VDE 0100-753 (**VDE 0100-753**):2003-06	Errichtung von Niederspannungsanlagen – Teil 7-701: Anforderungen für Betriebsstätten, Räume und Anlagen besonderer Art – Fußboden- und Decken-Flächenheizungen
DIN EN 60204-1 (**VDE 0113-1**):2007-06	Sicherheit von Maschinen – Elektrische Ausrüstung von Maschinen – Teil 1: Allgemeine Anforderungen
DIN EN 61140 (**VDE 0140-1**):2007-03	Schutz gegen elektrischen Schlag – Gemeinsame Anforderungen für Anlagen und Betriebsmittel

DIN EN 60529 (**VDE 0470-1**):2000-09	Schutzarten durch Gehäuse (IP-Code)
DIN VDE 0253 (**VDE 0253**):1987-12	Isolierte Heizleitungen
DIN EN 60898-1 (**VDE 0641-11**):2003-12	Elektrisches Installationsmaterial – Leitungsschutzschalter für Hausinstallationen und ähnliche Zwecke – Teil 1: Leitungsschutzschalter für Wechselstrom (AC)
DIN EN 62423 (**VDE 0664-40**):2012	Fehlerstrom-/Differenzstrom-Schutzschalter Typ F und Typ B mit und ohne eingebautem Überstromschutz für Hausinstallationen und für ähnliche Anwendungen
DIN EN 60335-2-96 (**VDE 0700-96**):2009-06	Sicherheit elektrischer Geräte für den Hausgebrauch und ähnliche Zwecke – Teil 2-96: Besondere Anforderungen an Flächenheizelemente
DIN VDE 0250-201 (**VDE 0250-201**):1992-09	Isolierte Starkstromleitungen – Stegleitung
E DIN IEC 60800 (**VDE 0253-800**):2008-02 (Entwurf)	Heizleitungen mit einer Bemessungsspannung bis 300/500V für Raumheizung und für die Vermeidung von Eisbildung
DIN EN 61558-1 (**VDE 0570-1**):2006-07	Sicherheit von Transformatoren, Netzgeräten, Drosseln und dergleichen – Teil 1: Allgemeine Anforderungen und Prüfungen
DIN EN 61558-2-2 (**VDE 0570-2-2**):2007-11	Sicherheit von Transformatoren, Netzgeräten, Drosseln und dergleichen – Teil 2-2: Besondere Anforderungen und Prüfungen an Steuertransformatoren und Netzgeräte, die Steuertransformatoren enthalten
DIN EN 61558-2-5 (**VDE 0570-2-5**):2011-03	Sicherheit von Transformatoren, Netzgeräten, Drosseln und dergleichen – Teil 2-5: Besondere Anforderungen und Prüfungen an Transformatoren für Rasierer, Netzgeräte für Rasierer und Rasiersteckdosen-Einheiten
DIN EN 61558-2-6 (**VDE 0570-2-6**):2010-04	Sicherheit von Transformatoren, Netzgeräten, Drosseln und dergleichen – Teil 2-2: Besondere Anforderungen und Prüfungen an Sicherheitstransformatoren und Netzgeräte, die Sicherheitstransformatoren enthalten
DIN EN 60898-1 (**VDE 0641**):2006-03	Elektrisches Installationsmaterial – Leitungsschutzschalter für Hausinstallationen und ähnliche Zwecke – Teil 1: Leitungsschutzschalter für Wechselstrom (AC)

DIN EN 61009-2-1 (**VDE 0664-21**):1999-12	Fehlerstrom-/Differenzstrom-Schutzschalter mit eingebautem Überstromschutz (RCBOs) für Hausinstallationen und für ähnliche Anwendungen – Teil 2-1: Anwendung der allgemeinen Anforderungen auf netzspannungsunabhängige RCDOs
DIN EN 62423 (**VDE 0664-40**):2012	Typ F und Typ B Fehlerstrom-/Differenzstrom-Schutzschalter mit und ohne eingebautem Überstromschutz für Hausinstallationen und für ähnliche Anwendungen (Typ B RCCBs und Typ B RCBOs)
DIN EN 60335-2-96 (**VDE 0700-96**):2009-06	Sicherheit elektrischer Geräte für den Hausgebrauch und ähnliche Zwecke – Teil 2-96: Besondere Anforderungen an Flächenheizelemente
DIN 57710-14 (**VDE 0710-14**):1982-04	Leuchten mit Betriebsspannungen unter 1000 V – Leuchten zum Einbau in Möbel
DIN EN 60598-1 (**VDE 0711-1**):2009-09	Leuchten – Teil 1: Allgemeine Anforderungen und Prüfungen
DIN EN 45020:2007-03	Normung und damit zusammenhängende Tätigkeiten – Allgemeine Begriffe
DIN 16836:2005-07	Mehrschichtverbundrohre – PolyolefinAluminium-Verbundrohre – Allgemeine Anforderungen und Prüfungen
DIN VDE 0855-300 (**VDE 0855-300**):2008-08	Funksende-/-empfangssysteme für Senderausgangsleistungen bis 1 kW – Teil 300: Sicherheitsanforderungen
DIN EN 45020:2007-03	Normung und damit zusammenhängende Tätigkeiten – Allgemeine Begriffe
DIN EN 50164-1 (**VDE 0185-201**):2009-03	Blitzschutzbauteile – Teil 1: Anforderungen an Verbindungsbauteile
DIN 18015-1:2007-09	Elektrische Anlagen in Wohngebäuden – Teil 1: Planungsgrundlagen
DIN 18015-2:2004-08	Elektrische Anlagen in Wohngebäuden – Teil 2: Art und Mindestausstattung
DIN 18015-3:2007-09	Elektrische Anlagen in Wohngebäuden – Teil 3: Leitungsführung und Anordnung der Betriebsmittel
DIN 18015-4:2010-11	Elektrische Anlagen in Wohngebäuden – Teil 4: Gebäudesystemtechnik

Stichwortverzeichnis